Amir Mahdiyar
Khairulzan Yahya
Arham Abdullah

Análise Probabilística de Custo-Benefício da Instalação de Coberturas Verdes

Amir Mahdiyar
Khairulzan Yahya
Arham Abdullah

Análise Probabilística de Custo-Benefício da Instalação de Coberturas Verdes

ScienciaScripts

Imprint

Any brand names and product names mentioned in this book are subject to trademark, brand or patent protection and are trademarks or registered trademarks of their respective holders. The use of brand names, product names, common names, trade names, product descriptions etc. even without a particular marking in this work is in no way to be construed to mean that such names may be regarded as unrestricted in respect of trademark and brand protection legislation and could thus be used by anyone.

Cover image: www.ingimage.com

This book is a translation from the original published under ISBN 978-3-659-82693-1.

Publisher:
Sciencia Scripts
is a trademark of
Dodo Books Indian Ocean Ltd. and OmniScriptum S.R.L publishing group

120 High Road, East Finchley, London, N2 9ED, United Kingdom
Str. Armeneasca 28/1, office 1, Chisinau MD-2012, Republic of Moldova, Europe
Printed at: see last page
ISBN: 978-620-8-33909-8

Conteúdo

Conteúdo 1

INTRODUÇÃO 4

REVISÃO DA LITERATURA 9

METODOLOGIA DE INVESTIGAÇÃO 24

RESULTADOS E DEBATE 28

CONCLUSÃO E RECOMENDAÇÕES 52

Referências 55

À minha querida mãe, ao meu pai e à minha
querida Sanaz

RECONHECIMENTO

Gostaríamos de agradecer ao corpo docente de Engenharia Civil da Universiti Teknologi Malaysia. Sem o seu apoio, não teríamos conseguido concluir este trabalho.

INTRODUÇÃO
1.1 Conceção e desenvolvimento sustentáveis

Atualmente, a sustentabilidade é uma questão crucial em todo o mundo e os governos descobriram a necessidade de abordagens sustentáveis para as próximas gerações [1]. Como resultado, tentam encontrar algumas soluções para reduzir o consumo de energia, a pegada de carbono e outros problemas ambientais. O desenvolvimento sustentável foi expresso na reunião norueguesa como "um desenvolvimento para fornecer as nossas necessidades sem qualquer redução para a próxima geração" [2]. De facto, o desenvolvimento sustentável é uma revisão do modernismo e da tradição e também da interação entre eles. De acordo com esta afirmação, o desenvolvimento sustentável é um desenvolvimento à escala da resposta às necessidades humanas sem perturbar as instalações que têm a capacidade potencial de satisfazer as necessidades das próximas gerações. Uma vez que a conceção sustentável é uma intersecção entre a natureza humana e a natureza virgem, que tenta inovar uma solução para encontrar um equilíbrio entre os objectivos ambientais, sociais e económicos para aumentar a qualidade de vida dos recursos. Na arquitetura contemporânea, a mudança de acordo com as circunstâncias climáticas e as questões sustentáveis está a tornar-se mais popular, e não se trata apenas da sustentabilidade da estrutura do edifício, podendo ocorrer como uma totalidade integrada para a terra e as fontes de energia.

Uma das partes mais importantes de um edifício é o telhado, e muitos desperdícios de energia estão relacionados com esta parte. A cobertura verde é uma aplicação comprovadamente sustentável na indústria da construção, e os governos e os promotores em muitos países estão interessados em instalar coberturas verdes em comparação com as coberturas convencionais, especialmente nos países desenvolvidos. Os telhados verdes são construídos com diferentes camadas e diferentes espessuras, dependendo do tipo de telhado e/ou das condições climatéricas. As camadas básicas, de baixo para cima, dos sistemas de cobertura verde consistem geralmente numa barreira de raízes, drenagem, filtro, meio de crescimento e camada de vegetação [3].

1.2 Antecedentes do estudo

As coberturas verdes são consideradas como um contributo efetivo para a resolução de vários problemas ambientais ao nível dos edifícios e das cidades. As coberturas verdes têm vários benefícios ambientais, tais como a melhoria da eficiência energética dos edifícios, a gestão das águas pluviais, a redução da poluição atmosférica e da pegada de carbono da cidade, o aumento da biodiversidade vegetal e animal nas cidades, a amenidade, etc. [4].

De um modo geral, as coberturas verdes dividem-se em três tipos principais: cobertura verde intensiva, cobertura verde extensiva e cobertura verde semi-intensiva [5]. Em termos de coberturas verdes intensivas, é aplicada uma camada espessa de meio de cultura ou substrato, onde pode ser cultivada uma variedade de plantas, especialmente nos casos em que a irrigação está disponível. Note-se que é necessário um suporte estrutural adicional devido ao grande peso do substrato; assim, este tipo de coberturas verdes pode ser aplicado a edifícios com suporte estrutural adicional [6, 7]. Em contrapartida, nas coberturas verdes extensivas, é aplicada uma camada mais fina de substrato, que é relativamente leve, pelo que, em alguns casos, é necessário pouco ou mesmo nenhum apoio estrutural adicional. Isto torna este tipo de coberturas aplicável a uma gama mais vasta de edifícios. Esta vantagem, juntamente com uma necessidade reduzida de irrigação e uma menor necessidade de manutenção, levou a uma aplicação mais alargada de coberturas verdes extensivas. Por outro lado, as coberturas verdes extensivas proporcionam um ambiente difícil para o crescimento das plantas, com grandes flutuações de temperatura, disponibilidade limitada de água e elevada exposição à radiação solar e ao vento, o que provoca um ambiente de grande stress para as plantas em crescimento [8]. As Fig. 1-1, Fig. 1-2 e Fig. 1-3 mostram três edifícios diferentes com coberturas verdes extensivas e intensivas.

Figura 1-1 Cobertura verde extensa

Figura 1-2 Cobertura verde intensiva

Figura 1-3 Cobertura verde semi-intensiva

1.3 Declaração do problema

As coberturas verdes são aceites como uma prática de construção sustentável, e há uma grande quantidade de coberturas verdes instaladas, especialmente em países desenvolvidos como os países europeus, o Canadá e os EUA [9]. Embora os inúmeros benefícios das coberturas verdes estejam comprovados na Malásia [10], os clientes, os promotores e os empreiteiros não estão entusiasmados com a utilização desta alternativa em vez das coberturas convencionais. Para além disso, a Malásia, enquanto país em desenvolvimento, tem um potencial significativo de utilização desta aplicação amiga do ambiente. Uma das razões mais importantes poderá ser a escassez de investigação económica no domínio das coberturas verdes. Consequentemente, devido à falta de conhecimentos sobre os custos e benefícios da aplicação de coberturas verdes, não se espera que os promotores mudem de ideias e instalem coberturas verdes em vez de uma prática de construção comprovada. Investigar as questões relacionadas com os custos é o primeiro passo na utilização de uma nova aplicação e o resultado da viabilidade económica pode desempenhar um papel fundamental na tomada de decisões sobre a utilização ou rejeição dessa aplicação; consequentemente, é necessário realizar um estudo de custo-benefício para motivar o sector privado a utilizar esta aplicação sustentável.

1.4 Finalidade e objectivos

O objetivo deste estudo é investigar a viabilidade económico-financeira da instalação de uma cobertura verde extensiva com uma análise probabilística de custo-benefício na Malásia. Para atingir este objetivo, foram definidos os seguintes objectivos

1.　　　Identificar os factores pessoais e sociais que afectam a viabilidade económica de uma cobertura verde extensiva na Malásia.

2.　　　Calcular o Valor Atual Líquido (VAL) de uma cobertura verde extensiva tendo em conta os custos e benefícios pessoais e sociais.

3.　　　Indicar o período de retorno do investimento na instalação de uma cobertura verde extensiva na Malásia.

1.5 Âmbito do estudo

Para atingir os objectivos de qualquer estudo de forma adequada, cada estudo deve ser limitado a âmbitos específicos. Este estudo também não é uma exceção a esta regra. As coberturas verdes têm um grande número de benefícios ambientais que podem ser adequados para climas tropicais com tempo chuvoso. Este estudo centra-se nos factores que afectam a viabilidade económica de um tipo extensivo de cobertura verde na Malásia. Neste estudo, todos os dados críticos estão relacionados com a Malásia e, devido à falta de literatura em alguns domínios, alguns deles foram recolhidos de fontes fiáveis.

1.6 Importância do estudo

Hoje em dia, tirar partido das vantagens das abordagens sustentáveis é uma questão crucial para os países em desenvolvimento e a cobertura verde não é exceção. Como se pode ver nos países desenvolvidos, como os países europeus e os EUA, há uma grande quantidade de telhados verdes instalados como uma aplicação sustentável e estão a ser construídos diferentes tipos de telhados verdes. Embora a Malásia tenha um potencial significativo de utilização desta aplicação amiga do ambiente, não existe qualquer investigação sobre a viabilidade económico-financeira da instalação de qualquer tipo de cobertura verde. É óbvio que as questões económicas desempenham um papel fundamental na primeira etapa da investigação da viabilidade de uma nova aplicação. Este estudo é realizado para ilustrar todos os custos e benefícios pessoais e sociais, a fim de gerar uma nova perspetiva sobre as questões relacionadas com os custos da utilização de coberturas verdes em comparação com as coberturas convencionais para os investidores.

REVISÃO DA LITERATURA

2.1 Visão geral

O interesse dos governos está a aumentar na construção de coberturas verdes em muitos países do mundo devido aos seus benefícios ambientais comprovados. As coberturas verdes intensivas foram construídas como jardins de cobertura nos EUA e, posteriormente, verificou-se que as coberturas verdes extensivas podem ser eficazes em muitos aspectos [11]. Apesar do seu potencial como ferramenta de adaptação e mitigação das alterações climáticas e da sua utilização generalizada no hemisfério norte, existem muito poucos exemplos de coberturas verdes extensivas nesta época.

Um dos principais obstáculos ao aumento da prevalência de coberturas verdes extensivas é a falta de dados científicos disponíveis para avaliar a sua aplicabilidade às condições locais [12]. Confiar na experiência e na tecnologia europeias e norte-americanas é problemático devido às diferenças significativas no clima e nos substratos e plantas disponíveis, pelo que não é fiável para todos os climas. Além disso, o telhado de um edifício pode ser total ou parcialmente coberto por uma camada de vegetação, como acontece com os diferentes tipos de telhados verdes.

2.2 Construção e ambiente sustentável

O ecossistema em que vivemos inclui a interação entre humanos, animais, vegetação, etc. Com o passar do tempo, a utilização excessiva de recursos não renováveis leva à falta de água e à poluição do ar e a outros problemas ambientais no nosso mundo. Estas questões indicam a necessidade de uma arquitetura e construção sustentáveis na indústria da construção.

Em termos gerais, a definição de arquitetura adequada pode ser expressa como a criação de um ambiente sustentável criado pelo homem. Além disso, a conceção sustentável do nosso ambiente tem seguido muitos objectivos diferentes, como se segue. [13-15]

- Maximizar o bem-estar da utilização humana:

Absorção da luz do dia, vista bonita, boa qualidade de ar condicionado, controlo adequado da temperatura, controlo adotável da humidade e antecipação de questões de segurança.

- Planeamento eficiente para controlar circunstâncias complexas e ser responsável pelas exigências do consumidor.

- Minimizar o consumo de energia

- Maximizar os espaços utilizáveis

- Minimizar o custo da construção de edifícios

- Minimizar o custo de manutenção do edifício

- Aproveitar as vantagens dos materiais recicláveis e reutilizáveis

2.3 História das coberturas verdes

A instalação de telhados verdes teve início em 1970 na Alemanha e prosseguiu nos EUA. No início, os telhados verdes intensivos foram adoptados pelos EUA como jardins de telhado. A cobertura verde extensiva tem uma história mais longa na Alemanha, mas após cerca de uma década, em 1980, verificou-se a necessidade de mudar a cobertura verde intensiva para uma cobertura com caraterísticas específicas, tais como: menos dispendiosa, melhor gestão das águas pluviais, utilização numa vasta gama, especialmente em cidades densamente povoadas [11]. Esta tendência crescente para a instalação de telhados verdes continuou a verificar-se noutros países, como Hong Kong, Singapura e outros. No entanto, os telhados verdes não são amplamente utilizados em todo o mundo, e as razões são: novidade, custo, falta de disponibilidade de materiais e de conhecimentos especializados.

2.3.1 Novidade

Muitas pessoas receiam que o telhado verde (mesmo que extenso) possa ruir e danificá-las a elas e aos seus filhos, e isto é o resultado de não verem o telhado verde antes [11]. "Jeanette Stewart", um empreiteiro nos EUA, esteve envolvido no mesmo problema num dos seus projectos com os moradores de um quarteirão que deveria ter um telhado verde por cima do seu edifício. Por fim, foi obrigado a instalar um telhado verde semelhante no quarteirão vizinho para os convencer de que estariam seguros e de que esta tecnologia pode funcionar bem. Assim, no que respeita aos benefícios dos telhados verdes, é preferível substituir o telhado existente por um telhado verde.

2.3.2 Custo

É óbvio que a instalação de um telhado verde requer muito mais dinheiro do que um telhado convencional [16], e muitos clientes não estão motivados para o utilizar devido a esta questão. Embora não possamos negligenciar o papel do custo na nossa vida, devemos investigar as verdadeiras razões desta alternativa inovadora para descobrir se é eficiente ou não. Muitos investigadores sublinharam que a estética não é certamente a principal razão, e que tem uma variedade de benefícios para o ambiente. Por isso, o proprietário do edifício deve considerar todos os aspectos antes da instalação ou rejeição.

2.4 Principais tipos de coberturas verdes

As coberturas verdes são normalmente divididas em três categorias principais de engenharia com base nas suas caraterísticas [1]. As coberturas verdes intensivas, as coberturas verdes semi-intensivas e as coberturas verdes extensivas são os três tipos. Cada tipo de cobertura verde tem pormenores de construção diferentes. No entanto, a cobertura verde semi-intensiva tem algumas caraterísticas das coberturas verdes intensivas e extensivas.

2.4.1 Cobertura verde intensiva

As coberturas verdes intensivas são bem conhecidas pelas suas camadas de solo profundas (mais de 200 mm), pelo seu elevado custo de capital e pela camada espessa de meio de cultura ou substrato, onde pode ser cultivada uma grande variedade de plantas, especialmente nos casos em que existe irrigação [17]. Note-se que é necessário um apoio estrutural adicional devido ao grande peso do substrato. Além disso, é necessária uma manutenção regular, fertilização e irrigação, e evitar a monda [18]. As plantas são cultivadas e mantidas de forma semelhante à dos jardins ao nível do solo, com profundidades de solo que variam em função das necessidades das plantas, desde um mínimo de 200 mm de profundidade para os relvados até 2000 mm de profundidade para a plantação de árvores, com as correspondentes implicações em termos de carga estrutural. Em termos de bio diversidade, devido à maior profundidade do solo, a seleção de plantas pode ser mais diversificada, incluindo árvores e arbustos, o que permite o desenvolvimento de um ecossistema mais complexo. Os requisitos de manutenção e rega são mais exigentes e contínuos do que numa cobertura verde extensa [17].

2.4.2 Telhado verde extenso

As coberturas com vegetação extensiva são bem conhecidas pela sua fina camada de solo, baixo peso, baixo custo de capital e manutenção mínima, e espera-se que estejam totalmente cobertas de vegetação na cobertura [19]. O meio de crescimento, normalmente constituído por uma mistura mineral de areia, cascalho, tijolo triturado, matéria orgânica e algum solo, varia em profundidade entre 50 mm e 150 mm [20]. As coberturas com vegetação extensiva podem ser estabelecidas de várias formas: através de tapetes de vegetação pré-fabricados, plantações curtas, sementeira de sementes e vegetação espontânea auto-estabelecida. Devido à pouca profundidade do solo, as plantas devem ser baixas e resistentes, tipicamente alpinas ou indígenas. Os projectistas esperam que as coberturas verdes extensas não necessitem de manutenção; no entanto, tal não acontece [21]. As plantas são regadas e fertilizadas apenas até se estabelecerem e, após o primeiro ano, a manutenção consiste em duas ou três visitas por ano para remoção de ervas daninhas de espécies invasoras de árvores e arbustos, corte de relva, segurança e inspecções de membranas [22]. Regra geral, são necessários conhecimentos técnicos ou experiência prática mínimos para a instalação e manutenção.

2.4.3 Cobertura Verde Semi-Intensiva

Devido às diferenças significativas entre coberturas verdes extensivas e intensivas, algumas referências identificam uma terceira categoria de coberturas verdes, nomeadamente as simples-intensivas (semi-intensivas), que são vegetadas com relvados e plantas de cobertura do solo [13]. A cobertura verde semi-intensiva é um sistema de cobertura verde extensivo mais complexo ou um sistema intensivo simples que permite a inclusão de várias plantas perenes e pequenos arbustos na seleção de plantas. Estas coberturas requerem uma manutenção frequente, incluindo o corte, a rega e a fertilização. Não há acordo entre as diferentes fontes no que respeita à espessura do solo para os vários tipos de cobertura; no entanto, considera-se que 100 mm a 200 mm de profundidade do substrato é a espessura do solo para uma cobertura verde semi-intensiva [23].

Existem algumas diferenças entre as fontes no que respeita à classificação das coberturas verdes de acordo com a espessura do solo. Por exemplo, uma cobertura verde com uma profundidade de substrato de 110-150 mm pode ser classificada por alguns autores como intensiva ou extensiva, pelo que é necessário ter cuidado ao comparar o desempenho da cobertura verde para obter benefícios, que dependem da espessura da camada de solo [9].

2.5 Benefícios e custos dos telhados verdes

É óbvio que os telhados verdes são mais bonitos do que os telhados convencionais, mas a estética não é certamente a principal razão desta inovação e uma das principais razões para a instalação de telhados verdes [24]. Apesar das muitas investigações efectuadas sobre os benefícios das coberturas verdes, são ainda necessárias mais investigações para ultrapassar a falta de conhecimento e as questões de custo-benefício. Muitos dos dados existentes no domínio das coberturas verdes provêm de pequenas parcelas de ensaio em situação controlada, e não de grandes coberturas verdes em edifícios cujo desempenho ao longo do tempo tenha sido medido e analisado, pelo que é difícil prever o desempenho exato das coberturas verdes neste momento, sem normas adequadas para os pormenores de conceção.

A cobertura verde, com uma eficiência ambiental útil, incluindo a gestão das águas pluviais, a conservação de energia, a atenuação dos efeitos das ilhas de calor urbanas, a redução da poluição sonora e atmosférica, o aumento da biodiversidade urbana e um ambiente esteticamente mais agradável, pode ser efetivamente utilizada nos nossos edifícios [25]. No entanto, estes benefícios têm alguns custos associados. Todos estes custos e benefícios são discutidos a seguir.

2.5.1 Custo inicial

De acordo com o estudo efectuado por Wong et al. [22], os custos iniciais da instalação de coberturas verdes incluem a estrutura da cobertura. Para coberturas inacessíveis, a cobertura verde extensiva não seria significativamente mais pesada do que uma cobertura plana. Por exemplo, o componente mais pesado da cobertura verde proposta, o solo superficial de 100 mm de espessura, imporia uma carga saturada não superior a 2 kN/m^2. Assim, não é efectuada qualquer análise dos custos estruturais para as coberturas inacessíveis. No que respeita às coberturas acessíveis, de acordo com o Departamento de Engenharia Estrutural do Housing Development Board (HDB), uma cobertura ajardinada típica com uma carga máxima admissível de $4kN/m^2$ é superior à de uma cobertura plana típica para um MSCP. Além disso, a carga morta devida às caixas de plantas e à camada superficial do solo de um jardim de cobertura pode ascender a 30 kN/m^2. Por conseguinte, a cobertura de um jardim de cobertura tem de ser mais forte para suportar as cargas adicionais [22].

Os resultados de um estudo realizado em Singapura mostram que, para coberturas inacessíveis, os custos iniciais dos sistemas de cobertura verde extensiva e de cobertura plana convencional são calculados em 89,86 dólares e 49,25 dólares/m^2, respetivamente. O sistema de cobertura verde extensiva com 100% de relva é, à partida, $40:61/$m^2$ mais caro do que a cobertura plana convencional exposta. Este custo inicial adicional, na ordem de uns significativos 82,46%, deve-se principalmente à membrana de impermeabilização de melhor qualidade utilizada, à camada adicional de solo superficial, à drenagem e aos torrões de relva. No que diz respeito às coberturas acessíveis, os custos iniciais das coberturas verdes intensivas com arbustos, das coberturas verdes intensivas com árvores e dos sistemas convencionais de coberturas construídas são calculados em 178,93$, 197,16$ e 131,60$/$m^2$, respetivamente [22].

Além disso, verificaram que a diferença entre o custo inicial de um jardim intensivo no telhado com arbustos e o telhado plano convencional é de cerca de $47:33/$m^2$, o que é aproximadamente 36% mais caro do que o telhado plano convencional. Da mesma forma, ter árvores na área do telhado aumentaria os custos iniciais em $65:56/$m^2$, fazendo uma diferença de custo de 50% em relação ao caso base. Esta opção é relativamente mais dispendiosa do que o telhado com arbustos devido ao solo mais espesso e às despesas mais elevadas com as árvores [22].

2.5.2 Valor do imóvel

A localização desempenha um papel importante no valor de mercado dos imóveis. Por exemplo, os parques e as paisagens naturais aumentam o valor dos imóveis. A cobertura florestal pode aumentar o valor da propriedade em cerca de 7%, enquanto as árvores e os espaços verdes acrescentam entre 15% e 25% ao valor total das propriedades. Consequentemente, os telhados verdes também aumentam o valor da propriedade, embora menos do que os bosques e os parques. Neste caso, Bianchini e

Hewage [8] considerou o aumento de 5% no valor da propriedade como o benefício máximo de uma cobertura verde extensiva, enquanto este valor é de 20% para uma cobertura verde intensiva.

2.5.3   Redução de impostos

A redução de impostos pode ser um grande promotor para os promotores como um benefício pessoal. A cidade de Nova Iorque oferece um abatimento fiscal único para quem instalar coberturas verdes em vez de coberturas convencionais, sendo o abatimento fiscal máximo de 100 000 dólares [8]. Este benefício não está disponível em todas as cidades do mundo; no entanto, Portland, Chicago nos EUA, Basileia na Suíça, Munster e Estugarda na Alemanha, Toronto no Canadá, e Tóquio no Japão têm algumas políticas de redução de impostos para quem utiliza aplicações amigas do ambiente como as coberturas verdes.

2.5.4   Gestão das águas pluviais

O escoamento das águas pluviais transporta poluentes. A água é conduzida dos telhados convencionais para os rios ou outras massas de água locais, especialmente quando chove. Esta água contém quase todos os elementos adicionais, tais como: adubos, herbicidas, óleos e gorduras provenientes de estradas e instalações de produção de energia, nutrientes e bactérias provenientes de dejectos de animais domésticos e de sistemas sépticos e insecticidas provenientes de explorações agrícolas. As estatísticas mostram que 10 triliões de galões de escoamento não tratado fluem para as águas receptoras todos os anos apenas nos EUA, e têm os mesmos efeitos perigosos na vida aquática, redução da diversidade de insectos e peixes e também água insegura para o homem [9].

Nos últimos anos, os terrenos têm-se desenvolvido de forma dramática. O desenvolvimento do solo tem um efeito sério nas águas pluviais porque, no passado, o solo podia absorver a água e utilizá-la na vegetação e nos níveis de água subterrânea [9]. Hoje em dia, os terrenos estão a desenvolver-se significativamente e o problema das águas pluviais irá aparecer, especialmente nas zonas rurais que estão a mudar, e muitos problemas têm sido originados nesses locais. A instalação de telhados verdes é comprovadamente uma solução sustentável para este problema. Os telhados verdes têm capacidade de retenção de água, o que resulta na redução das águas pluviais, no controlo das inundações, na poupança de água, etc. [17, 26-29]. O volume de retenção de água baseia-se no tipo de cobertura verde, nos tipos de plantas, na diversidade de plantas e na profundidade do solo.

2.5.5 Menor custo de energia

Para além de todos os benefícios das coberturas verdes, estas também podem reduzir o consumo de energia, o que resulta numa redução dos custos energéticos para os proprietários dos edifícios [3032]. A cobertura verde é um sistema dinâmico, que pode variar de um clima para outro ou a sua função pode mudar em diferentes profundidades do solo. Pode atuar como isolante e diminuir o gradiente de temperatura acima e abaixo do telhado. Muitos dos textos citados referem que o impacto mais significativo da cobertura verde é a redução do fluxo de calor para o interior do edifício em tempo quente, reduzindo a necessidade de ar condicionado e os custos energéticos. No entanto, o impacto da poupança de energia em tempo frio é importante. O efeito da cobertura verde varia em diferentes situações e depende de alguns factores como: condições meteorológicas, caraterísticas do edifício, como o rácio telhado-parede [9].

O desempenho das coberturas com vegetação é investigado em termos dos benefícios esperados para o edifício e o ambiente urbano, devido ao seu reconhecido potencial de gestão da energia e da água. Fioretti et al. [33] avaliaram a redução da radiação solar através da instalação de uma camada de vegetação. Além disso, realizaram o seu estudo para avaliar o desempenho do isolamento térmico da estrutura da cobertura verde no clima mediterrânico. Noutro estudo, Tan et al. [34] demonstram que, se o número de instalações de coberturas verdes numa cidade aumentar até à escala da cidade, será muito eficaz na redução da ilha de calor urbana e resultará numa redução do consumo de energia, especialmente em climas quentes. Além disso, verificaram que a instalação de coberturas verdes em grande escala reduz o consumo de energia em pelo menos 32%. Clarck et al. [35] também consideraram que foram efectuadas várias análises de sensibilidade paramétrica para avaliar o potencial de arrefecimento das coberturas verdes no verão. A principal conclusão destas análises é que as coberturas verdes não actuam como dispositivos de arrefecimento, mas sim como dispositivos de isolamento, reduzindo o fluxo de calor através da cobertura.

Os telhados verdes têm muitas vantagens, o que os torna atractivos e uma ferramenta de design sustentável. Embora as coberturas reflectoras possam reduzir o consumo de energia, só têm uma vantagem entre todas as vantagens da cobertura verde. Por outro lado, podem ser menos duráveis em comparação com as coberturas verdes ou mesmo com as coberturas convencionais, pelo que a sua substituição frequente pode torná-las muito dispendiosas [9]. O outro fator negativo relacionado com os telhados reflectores é que o telhado refletor vai ficar cinzento ao fim de anos, mas o telhado verde permanece constante durante esse período de tempo.

2.5.5.1 Desempenho térmico de coberturas verdes

Uma experiência levada a cabo por D'Orazio et al. [2] para avaliar o desempenho térmico de uma cobertura verde em clima temperado e compará-lo com outros tipos de coberturas. Todos eles foram instalados num edifício altamente isolado, de acordo com a atual regulamentação nacional sobre eficiência e poupança energética. Os resultados evidenciaram que, no verão, a instalação de uma cobertura verde conduz à diminuição das temperaturas à superfície e da sua amplitude diária. Este fenómeno ocorre tanto na parte superior do substrato do solo, onde, mesmo nos dias mais quentes, as temperaturas são inferiores às do ar exterior, graças aos fenómenos de sombreamento e evapotranspiração da camada vegetal, como no intradorso da cobertura, devido à massa térmica constituída pelo substrato do solo.

2.5.5.2 Redução do calor nas coberturas verdes

Em termos de fluxos de calor, as coberturas verdes são capazes de reduzir o ganho de calor em 92% e aumentar a perda de calor em 49% em comparação com as coberturas cerâmicas nas estações quentes [36]. Além disso, as coberturas verdes também são benéficas durante o período frio.

2.5.6 Vida útil mais longa para a membrana do telhado

Todas as pessoas podem experimentar o calor intenso num terraço num dia quente de verão. O efeito do sol no topo do edifício é muito mais forte do que no solo. A vegetação pode diminuir o forte efeito degradante da temperatura extrema do sol, especialmente para a membrana de impermeabilização. Lukett [37] realizou um estudo sobre a membrana numa cobertura plana convencional. Provou que, se a cobertura não for protegida por isolamento numa aplicação invertida ou por lastro, tem de ser substituída frequentemente, talvez após quinze ou vinte anos. Na Alemanha, no entanto, a membrana foi construída há décadas; estão intactas e os projectistas acreditam que estarão intactas tipicamente durante trinta a quarenta anos [11].

O tempo de vida das coberturas verdes depende de muitos factores, sendo considerado entre 40 e 55 anos nos estudos de custo-benefício das coberturas verdes [8]. No entanto, o tempo de vida das coberturas convencionais é considerado cerca de 20 anos. Consequentemente, é um benefício significativo para as coberturas verdes em comparação com as coberturas convencionais.

2.5.7 Mitigar o efeito de ilha de calor urbana

Foi demonstrado que o clima nas zonas urbanas é mais quente do que nas zonas rurais devido à existência de muitos edifícios e à libertação de radiação solar, sendo este fenómeno designado por efeito de ilha de calor. As estatísticas indicam que centenas de pessoas morreram durante uma onda de calor em julho de 1995 em Chicago. Trata-se, portanto, de um problema grave que podemos resolver aumentando a quantidade de árvores, plantas e vegetação [9].

Um dos benefícios da instalação de coberturas verdes em zonas urbanas é a atenuação da UHI [13, 38-40]. Com o aumento da temperatura, a necessidade de utilizar ar condicionado também aumenta e os proprietários dos edifícios têm de pagar mais pelas contas de eletricidade. Consequentemente, este benefício da cobertura verde resulta num benefício ambiental, bem como num benefício pessoal para os proprietários.

2.5.8 Custo de operação e manutenção

Embora a manutenção das coberturas verdes seja normalmente superior à das coberturas convencionais, depende muito do tipo de cobertura verde. Por exemplo, a manutenção de coberturas verdes extensivas é considerada equivalente à das coberturas convencionais no que respeita à inspeção visual duas vezes por ano [16]. Estima-se que a mão de obra necessária para a manutenção de coberturas verdes extensivas é de apenas uma hora por ano. Por outro lado, é necessária uma manutenção regular das coberturas verdes semi-intensivas e intensivas. Estima-se que o custo de manutenção das coberturas verdes intensivas seja, pelo menos, 10 vezes superior ao das coberturas verdes extensivas. Os benefícios económicos e ambientais das coberturas verdes dependem do seu desempenho, pelo que a operação e a manutenção das coberturas vegetais são extremamente importantes para garantir os seus impactos positivos [8]. Consequentemente, a consideração do custo anual de manutenção das coberturas verdes deve basear-se no tipo de cobertura verde necessário.

2.5.9 Poluição do ar vs. melhoria da qualidade do ar

A poluição do ar é um perigo grave para a saúde humana [41]. Embora muitos estudos tenham sido realizados para controlar e minimizar a poluição atmosférica, também são necessárias novas ideias para reduzir a poluição atmosférica existente. Os telhados verdes são também conhecidos como uma aplicação que pode controlar a poluição do ar. Yang et al. [41] quantificaram a poluição atmosférica removida utilizando uma deposição seca de bigleaf. O resultado do seu estudo demonstrou que os telhados verdes podem remover uma grande quantidade de poluentes atmosféricos do ar. Embora as coberturas verdes sejam óptimas para a remoção de poluentes atmosféricos, o nível de eficácia das coberturas verdes depende do tipo de vegetação existente no topo da cobertura [16]. Por outro lado, os processos de fabrico dos materiais das coberturas verdes libertam substâncias tóxicas [8]. Quanto maior for a quantidade de polímero utilizado nas camadas da cobertura verde, maior será a libertação de poluentes atmosféricos para o ambiente.

2.5.10 Redução das emissões de carbono

Li et al. [42] investigaram o nível de eficácia da cobertura verde na concentração de CO_2 ambiente através de simulação numérica e medição no terreno. As plantas são capazes de absorver CO_2 durante o dia, mas emitem CO_2 durante a noite. Li et al. [42] verificaram que a quantidade de $CO2$ absorvida pelas plantas é superior à emissão de $CO2$. A posição e as condições da cobertura verde e o fluxo de ar ambiente das plantas são os factores que afectam a extensão do efeito da cobertura verde.

Os impactos ambientais positivos da instalação de coberturas verdes no ambiente mostram a necessidade de utilizar esta aplicação em vez da convencional. As vantagens da instalação de coberturas verdes em comparação com os inconvenientes demonstram os benefícios da cobertura verde em termos de redução da poluição atmosférica [17]. Os inconvenientes da instalação de telhados verdes referem-se à produção de polímeros para utilização nas camadas de telhados verdes. No entanto, a poluição libertada para a atmosfera devido ao processo de produção do polímero pode ser compensada pelas coberturas verdes a longo prazo [17].

2.5.11 Redução dos custos de melhoria das infra-estruturas

O benefício da retenção de água dos telhados verdes resulta numa menor drenagem de água através do sistema público de águas pluviais [8]. Os governos têm de afetar anualmente um orçamento considerável às infra-estruturas das cidades e a aplicação de coberturas verdes reduz o custo necessário para melhorar as infra-estruturas em termos de gestão das águas pluviais. Foram realizados muitos estudos para avaliar a capacidade de retenção de água das coberturas verdes, e todos estes estudos provaram o elevado potencial de retenção de água das coberturas verdes.

2.5.12 Redução do risco de inundação

As inundações são uma catástrofe que precisa de ser controlada pelos governos. As superfícies impermeáveis nas zonas urbanas podem aumentar o volume de escoamento das águas pluviais, o que resulta em muitos problemas económicos e sociais [43]. O custo do controlo das inundações em

Estima-se que o orçamento anual para o controlo das inundações em Inglaterra e no País de Gales seja de cerca de 270 milhões de libras [8]. Os telhados verdes têm uma capacidade de retenção de água de até 85%; consequentemente, podem desempenhar um papel importante na redução deste orçamento para o controlo das inundações.

2.5.13 Criação de habitats para a vida selvagem urbana

Alguns estudos sublinham que a cobertura verde pode aumentar a vida selvagem urbana, como os insectos e as borboletas, mas estes estudos estão nas primeiras fases e não há provas fiáveis até agora [13, 44]. Proporcionar abrigo e alimento pode ajudar neste objetivo e, em alguns países como os EUA e o Reino Unido, foram planeadas algumas normas para proporcionar esta oportunidade à vida selvagem urbana em coberturas verdes extensas [9].

A proteção e criação de habitats são questões importantes para reduzir os impactos adversos das actividades humanas no ambiente. Os telhados verdes substituem as áreas impermeáveis dos telhados por plantas e solo, o que atrai pequenos animais como borboletas, pássaros, insectos e abelhas [8]. As coberturas verdes também podem desempenhar um papel semelhante de habitat para insectos. No entanto, os telhados verdes não são capazes de criar habitats ao mesmo nível que os habitats naturais. Dado que os governos atribuem orçamentos para a criação de habitats em muitas cidades, este benefício dos telhados verdes pode ser considerado como um benefício social em termos de redução de custos.

2.5.14 Estética e disponibilização de espaços de lazer

A temperatura mais baixa nos telhados verdes em tempo quente torna-os um local de conforto para as pessoas que vivem debaixo deles e também a variedade de cores no telhado torna-os agradáveis para os vizinhos que vivem num nível mais elevado poderem ver a paisagem dos telhados. De um modo geral, o preço dos edifícios verdes, especialmente os que possuem o certificado LEED (Leadership in Energy and Environmental Design), é muito mais elevado do que os outros, tendo sido demonstrado que as pessoas preferem trabalhar em edifícios verdes [9].

Figura 2-1 Espaço de lazer bonito {Citação de formatação}

O impacto económico da estética no design é diferente em cada região e depende da cultura das pessoas, bem como do seu nível de riqueza. Existem alguns estudos realizados para ilustrar a vontade das pessoas de pagar mais pela estética. Nestes estudos, perguntou-se aos inquiridos quanto estariam dispostos a pagar se fosse possível mudar o seu edifício para outro local com espaços verdes e melhores aspectos estéticos. Num estudo realizado por Bianchini e Hewage [8], este benefício foi considerado entre 2% e 5% do valor da propriedade para coberturas verdes extensivas e entre 5% e 8% para coberturas verdes intensivas. As coberturas verdes intensivas são conhecidas como jardins de cobertura ou coberturas semelhantes a parques e podem proporcionar acesso público. Consequentemente, este tipo de cobertura verde é mais adequado para tirar partido das vantagens da cobertura verde.

2.5.15 Aterros e eliminação

O custo de eliminação das coberturas verdes é uma questão importante que é negligenciada em muitas análises de custos do ciclo de vida. Os materiais utilizados na cobertura verde podem ser reutilizados, reciclados ou depositados em aterro. Embora os materiais para a drenagem e a barreira radicular sejam fabricados a partir do polímero reciclado, podem ser reciclados após o período de vida da cobertura verde [8]. Peri et al. [21] efectuaram um estudo para propor um procedimento para incluir o custo da eliminação da cobertura verde na análise do custo do ciclo de vida. Os resultados do seu estudo indicam que a acessibilidade à informação em termos da fase de eliminação de alguns elementos do edifício e a disponibilidade de dados relativos ao substrato ajudam a adotar novas abordagens sustentáveis, como as coberturas verdes.

No estudo realizado por Peri et al. [26] especulou-se sobre o nível de dados necessário para permitir uma análise completa da ACV de uma cobertura verde. Em particular, foi focado o papel dos fertilizantes utilizados na manutenção da cobertura verde e na eliminação do substrato, uma vez que parecem desempenhar um papel significativo em todo o balanço da ACV. Em pormenor, este estudo concluiu que a tipologia do fertilizante utilizado para modelar a fase de manutenção da cobertura verde afecta ligeiramente os resultados da caraterização, ao passo que os dados primários sobre a eliminação do substrato de crescimento são altamente recomendados, uma vez que a utilização de dados secundários conduz a resultados cuja fiabilidade é incerta até à data, tal como este estudo indicou.

2.6 Análises económicas

Existem muitos estudos para analisar o custo da instalação de telhados verdes. Em cada estudo foram considerados diferentes factores e, consequentemente, foram obtidos diferentes resultados. As coberturas verdes oferecem benefícios pessoais e sociais. Num estudo realizado por Bianchini e Hewage [8], verificou-se que a instalação de coberturas verdes é um investimento de baixo risco. No entanto, existem resultados diferentes para diferentes tipos de coberturas verdes. Mostraram que, se os custos e benefícios sociais dos telhados verdes forem adicionados à análise, a instalação de telhados verdes será mais vantajosa. Consequentemente, os governos devem incentivar os promotores a adotar esta aplicação sustentável em vez das coberturas convencionais.

Por outro lado, Clarck et al. [35], considerou apenas os benefícios das águas pluviais, da energia e da poluição atmosférica no seu modelo para analisar o valor atual líquido da instalação de uma cobertura verde. No final do seu estudo, mostraram que o valor atual líquido da instalação de coberturas verdes é inferior ao das coberturas convencionais entre 20,3% e 25,2%. Na análise, consideraram 40 anos como o tempo de vida útil da cobertura verde.

Carter e Keeler [16] recolheram dados de uma parcela experimental de cobertura verde para desenvolver uma análise custo-benefício (BCA) para o ciclo de vida de sistemas extensivos (camada fina) de cobertura verde numa bacia hidrográfica urbana. Os resultados desta análise são comparados com um cenário de cobertura tradicional. O valor atual líquido (VAL) deste tipo de cobertura verde

atualmente varia entre 10% e 14% mais caro do que o seu equivalente convencional. Uma redução de 20% no custo de construção de um telhado verde faria com que o VAL social da prática fosse inferior ao VAL do telhado tradicional. Considerando os benefícios sociais positivos e a natureza relativamente nova da prática, recomenda-se vivamente a criação de incentivos que encorajem a utilização desta prática em bacias hidrográficas altamente urbanizadas.

Os novos materiais e técnicas inovadores serão em grande parte regidos pelos retornos económicos deste investimento [16]. Uma vez que muitos dos bens ambientais afectados pelo desenvolvimento são de natureza pública e raramente internalizados por empresas privadas, é importante avaliar exaustivamente cada nova prática para que haja uma clara contabilização dos custos e benefícios para a sociedade, bem como para os proprietários de edifícios privados.

Os telhados verdes podem proporcionar benefícios tanto privados como públicos e devem ser incluídos como uma ferramenta potencial nos manuais de gestão de bacias hidrográficas para utilização em áreas altamente desenvolvidas. Os arquitectos, os profissionais das águas pluviais e os responsáveis pelo planeamento das bacias hidrográficas só têm a ganhar com a existência de mais opções para atenuar os impactos ambientais da urbanização. Uma variedade de técnicas permite que as partes interessadas utilizem as práticas mais eficazes tendo em conta a sua localização, objectivos e limitações de recursos específicos. À medida que as áreas continuam a tornar-se mais urbanizadas, é essencial conciliar os interesses de desenvolvimento e as preocupações ambientais. Quanto maior for o número de práticas disponíveis para atingir este objetivo, mais fácil será conciliar este futuro conflito entre o ambiente construído e o ambiente natural [16].

De acordo com um estudo realizado por Wong et al. [45], embora os benefícios das hortas de cobertura sejam inquestionáveis do ponto de vista ambiental, a relação custo-eficácia pode ter de ser analisada para que as hortas de cobertura sejam amplamente adoptadas na nossa região. Os jardins de cobertura extensivos, que utilizam um sistema leve, têm obviamente uma melhor relação custo-eficácia e podem ser utilizados em telhados existentes sem a necessidade de qualquer reforço estrutural adicional. A análise de custos realizada com as coberturas ajardinadas extensivas também confirmou que a relação custo-benefício do ciclo de vida não é muito diferente de uma cobertura plana convencional, quando os custos da poupança de energia são tidos em conta.

Nurmi et al. [46] realizaram um estudo para discutir os custos e benefícios da instalação de uma cobertura verde extensiva na cidade de Helsínquia. No entanto, a metodologia utilizada neste estudo é adequada para qualquer tipo de cobertura verde em cada cidade e em cada clima. Além disso, os resultados deste estudo podem ser actualizados quando estiverem disponíveis outros resultados de diferentes estudos. Nurmi et al. [46] resumiram a conclusão do seu estudo em quatro partes:

• Os benefícios privados da instalação de telhados verdes não cobrem os custos privados da instalação de telhados verdes com base em tapetes de vegetação pré-crescidos.

• No caso de acrescentar benefícios sociais aos benefícios privados, a instalação de telhados verdes será um investimento adequado, especialmente para o sector social.

• Os benefícios dos telhados verdes dependem do clima, da temperatura e da proximidade do centro da cidade.

• O sector privado está disposto a implementar telhados verdes se os governos acrescentarem alguns incentivos à regulamentação. Existem três opções para promover os telhados verdes: "1. políticas de apoio para os decisores privados, 2. investimento em I&D para permitir técnicas de instalação de telhados verdes mais baratas e programas de demonstração. 3. Todos os serviços ecossistémicos prestados pelas coberturas verdes devem ser explicitados e os decisores públicos e privados devem ter conhecimento desses serviços" [46].

O outro estudo concluiu que, no caso da ACB privada, podemos concluir que o investimento é (não) rentável para o investidor se o VAL dos custos e benefícios privados for positivo (negativo). Assim, podemos também avaliar se são necessários subsídios para convencer os investidores privados a construir coberturas verdes. No caso da ACB social, verificamos que a construção de coberturas verdes é (não) socialmente desejável se o VAL de todos os custos e benefícios for positivo (negativo). Assim, podemos avaliar se os subsídios para coberturas verdes extensivas melhoram o bem-estar social [29].

METODOLOGIA DE INVESTIGAÇÃO

3.1 Introdução

O cálculo de parâmetros financeiros como o valor atual líquido e o período de retorno do investimento são amplamente utilizados como objectivos de muitas investigações realizadas. No entanto, a maioria destes investigadores não se deparou com a falta de valores determinísticos, tendo sido utilizadas fórmulas lógicas nessas investigações. No presente estudo, todos os factores que afectam o cálculo variam em função de muitas condições. Por exemplo, o custo inicial da instalação de um telhado verde extenso depende de muitos factores, tais como: mão de obra e tipos de material vegetal utilizados para a drenagem. Consequentemente, a realização deste estudo requer um método e uma aplicação poderosa para simular corretamente todas estas incertezas.

3.2 Simulação de Monte Carlo

A simulação de Monte Carlo é uma técnica matemática computorizada que tem sido muito utilizada por profissionais em muitos domínios, como a gestão de projectos, a eficiência energética e a engenharia [47]. O método foi utilizado pela primeira vez por cientistas que trabalhavam na bomba atómica. A simulação de Monte Carlo fornece ao decisor uma gama de resultados possíveis e as probabilidades de ocorrência para qualquer escolha de ação. Mostra as possibilidades extremas, os resultados da decisão mais arriscada e da decisão mais conservadora, bem como todas as consequências possíveis das decisões intermédias. O Risk Solver Platform é um software que pode efetuar a simulação de Monte Carlo. De acordo com este software [47], os processos de simulação de Monte Carlo são os seguintes

1.   Gerar uma amostra aleatória para as variáveis incertas no seu modelo. A amostra padrão é 1.000, então 1.000 valores escolhidos aleatoriamente serão gerados para cada variável incerta.

2.   Para cada uma das 1.000 tentativas de Monte Carlo, recalcule o seu modelo, com os valores de amostra corretos em cada célula de variável incerta.

3.   Em cada tentativa de Monte Carlo, monitorize e guarde o valor calculado de cada função incerta no seu modelo.

4.   Quando o processo de simulação estiver concluído, o Analytic Solver Platform utiliza os 1.000 valores guardados de cada função incerta para calcular estatísticas e percentis, desenhar distribuições de frequência, gráficos de dispersão e outros gráficos, e calcular valores para cada chamada de função PSI Statistic no seu modelo.

3.3 Valor atual líquido (VAL)

O valor atual líquido é a diferença entre o valor atual das entradas de caixa e o valor atual das saídas de caixa. O VAL é utilizado na orçamentação de capital para analisar a rentabilidade de um investimento ou projeto. A análise do VAL é sensível à fiabilidade dos futuros influxos de caixa que um investimento ou projeto produzirá.

3.4 Período de retorno do investimento

O período de tempo necessário para recuperar o custo de um investimento. O período de recuperação de um determinado investimento ou projeto é um fator determinante para decidir se se deve ou não empreender a posição ou projeto, uma vez que períodos de recuperação mais longos não são normalmente desejáveis para posições de investimento. Um período de retorno inferior à vida do projeto significa que o VAL é positivo para uma taxa de desconto de zero, mas nada mais definitivo pode ser dito. Para taxas de desconto superiores a zero, o período de retorno continua a ser inferior à vida do projeto, mas o VAL pode ser positivo, nulo ou negativo, consoante a taxa de desconto seja inferior, igual ou superior à TIR. O payback descontado inclui o efeito da taxa de desconto relevante. Se o período de recuperação descontado de um projeto for inferior ao período de vida do projeto, o VAL deve ser positivo.

3.5 Análise probabilística do ciclo de vida

A análise de custo-benefício realizada neste estudo considerou variações no desempenho da cobertura verde relacionadas com: custo inicial, poupança de energia, remoção da poluição atmosférica, etc. Além disso, os preços dos factores de produção foram recolhidos de diferentes fontes publicadas e fiáveis da Malásia; no entanto, no caso de os dados não estarem disponíveis na Malásia. Os dados são recolhidos de fontes internacionais quando aplicável e, em seguida, todos os preços são convertidos em ringgit da Malásia.

Conforme descrito no estudo realizado por Bianchini e Hewage [8], as distribuições uniforme e triangular são as duas funções diferentes que devem ser usadas para analisar os parâmetros. No caso de dados com os mesmos intervalos terem a mesma probabilidade, a distribuição uniforme é adequada para ser utilizada. No entanto, se alguma variável se repetir frequentemente nas coberturas verdes, deve ser utilizada a distribuição triangular. Foi efectuada uma análise de Monte Carlo para calcular o valor atual líquido e o período de retorno do investimento das coberturas verdes. A análise foi efectuada para 1.000 simulações. Para cumprir todos os objectivos deste estudo, o processo de investigação deve ser dividido em etapas específicas.

3.5.1 Identificação dos factores que afectam a viabilidade económica

Neste estudo, é necessário identificar os factores que afectam a análise custo-benefício durante o ciclo de vida de uma cobertura verde extensiva. Embora todos estes factores devam ser considerados durante o cálculo, alguns deles não são fornecidos na Malásia; consequentemente, depois de identificar todos estes factores a partir de fontes fiáveis, como livros e revistas de todo o mundo, o passo seguinte é considerar os factores que são eficazes na análise custo-benefício da cobertura verde extensiva na Malásia. Em seguida, devido à natureza do presente estudo, é necessário partir de alguns pressupostos razoáveis para obter os resultados da análise custo-benefício.

3.5.2 Análise custo-benefício utilizando a plataforma Risk Solver

Após a recolha de todos os dados, este estudo utiliza o Microsoft Excel e a plataforma Risk Solver como "plug-in" para permitir a utilização da simulação de Monte Carlo como um poderoso simulador probabilístico. Em seguida, as distribuições relevantes através do mínimo e do máximo de cada variável foram aplicadas utilizando a plataforma Risk Solver com a utilização de "Distribuição" na barra de tarefas. Depois disso, utilizando uma fórmula financeira no Microsoft Excel, serão calculados o valor atual líquido (VAL) e o período de retorno do investimento. O cálculo do VAL entre 1st ano e o ano 55 é efectuado tendo em conta a taxa de inflação e a taxa de desconto na Malásia e, finalmente, podemos obter os resultados clicando em resolver. Além disso, o esquema de investigação deste estudo está representado na Fig. 3-1.

3.6 Resumo da investigação

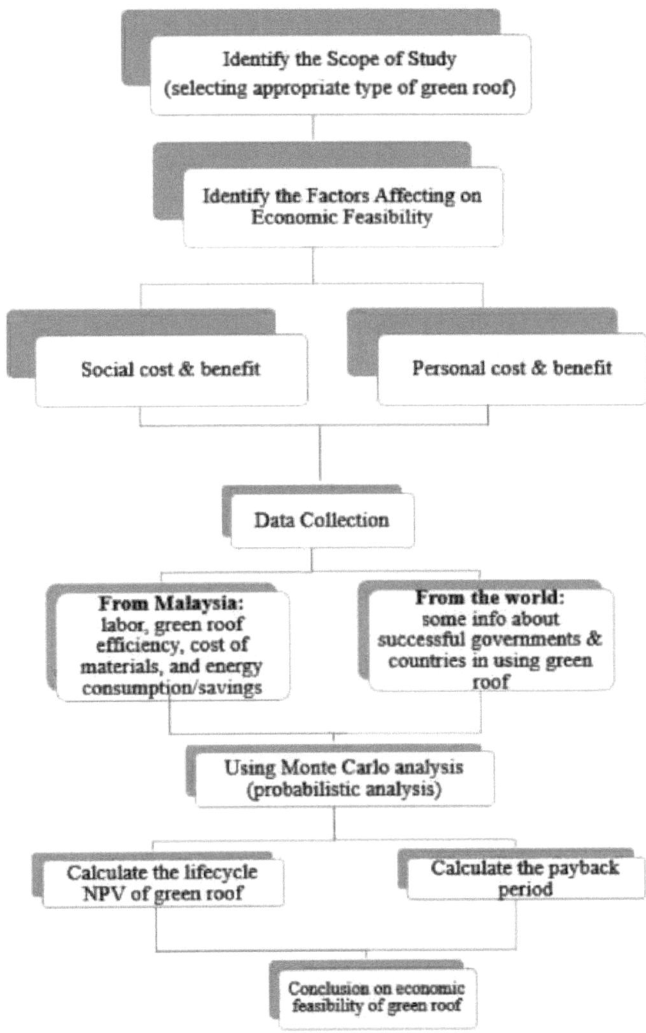

Figura 3-1 Esquema da investigação

RESULTADOS E DISCUSSÃO

4.1 Introdução

De acordo com os vários tipos de parâmetros relacionados com o desempenho da cobertura verde, existem amplos benefícios da cobertura verde, tanto nas categorias pessoais como sociais, tais como: retenção de águas pluviais, remoção da poluição atmosférica e redução de energia. Em algumas variáveis, não há preços exactos especificados, por exemplo, o custo inicial pode diferir de um projeto para outro devido à diferença entre os detalhes de construção, e outro exemplo é o custo de Operação e Manutenção (O&M) porque o custo de O&M depende diretamente do tipo de cobertura verde e também do tipo de plantas que foram utilizadas.

Por outro lado, existem alguns tipos diferentes de variáveis que podem mudar ao longo do tempo, e temos de considerar o desenvolvimento da legislação dos países em novas aplicações de acordo com os países que fizeram progressos e aplicaram novos regulamentos. Por exemplo, a redução de impostos para quem instala um telhado verde em vez de um telhado convencional pode ser classificada nestas variáveis. Assim, para analisar estas variáveis, é crucial utilizar uma análise probabilística e a simulação de Monte Carlo é selecionada neste estudo e, devido à especificação específica deste estudo, os dados devem ser recolhidos a partir das estatísticas e da regulamentação da Malásia e também dos melhores países do mundo.

4.2 Variáveis

Neste estudo, há mais de dez variáveis que são discutidas em pormenor, incluindo: custo inicial, valor da propriedade, redução de impostos, retenção de água, arrefecimento, evitar custos de infra-estruturas, custos de operação e manutenção, longevidade, libertação de poluição atmosférica, redução de carbono, melhoria da qualidade do ar, redução da melhoria das infra-estruturas, redução do risco de inundação, criação de habitat, disponibilização de espaço recreativo, atenuação do efeito de ilha de calor urbana, estética e custo de aterro. Estas variáveis são categorizadas em duas secções: sector pessoal e sector social. Alguns dados podem ser alterados num intervalo específico (máximo e mínimo), e alguns dados precisam de ser comparados com alguns países bem sucedidos.

4.3 Recolha de dados

A recolha de dados é efectuada a partir de diferentes fontes publicadas e fiáveis da Malásia; contudo, no caso de os dados não estarem disponíveis na Malásia. Os dados são recolhidos de fontes internacionais, sempre que aplicável, e, em seguida, todos os preços são convertidos em ringgit da Malásia.

4.3.1 Custos e benefícios pessoais

Há muitas vantagens ambientais dos telhados verdes que também beneficiam o proprietário do telhado verde, como a poupança de energia e de água. Para além disso, o investidor pode ter outras vantagens pessoais. Estes benefícios pessoais são identificados e analisados em pormenor nas secções seguintes.

4.3.1.1 Custo inicial

É óbvio que a instalação de um telhado verde exige muito mais dinheiro do que o telhado verde, e muitos clientes não estão motivados para o utilizar por esta razão. Embora não possamos negligenciar o papel do custo na nossa vida, devemos investigar a verdadeira razão desta inovação para descobrir se é eficiente ou não. Existe uma diferença significativa entre os preços dos telhados verdes em função do tipo de telhado verde e o preço da instalação depende diretamente de muitos factores, como os custos da mão de obra e do equipamento. Por conseguinte, não é possível utilizar dados de países como a América do Norte, o Canadá ou a Alemanha. Mas como Singapura é igual à Malásia em termos de material necessário e não há necessidade de qualquer equipamento especial, de acordo com o aumento da instalação de uma cobertura verde extensiva e de uma cobertura convencional é de cerca de 82,5% em Singapura [22].

Na Malásia, considerando a informação sobre coberturas de aço para um edifício em 2006 com cerca de $516m^2$ [48], o custo de construção é de $RM125,47/m^2$ incluindo a estrutura da cobertura, o revestimento da cobertura e a drenagem da cobertura. Além disso, este estudo considera este preço como pessimista, pelo que, relativamente a dados semelhantes relacionados com a literatura, o preço máximo é cerca de 1,23 vezes superior ao preço mínimo [22]. Consequentemente, este estudo, tal como apresentado em

Quadro 4.1, considerando a inflação da Malásia entre 2006 e 2012 com uma distribuição uniforme que varia entre RM103/m^2 e RM127/m^2 como custo adicional para a instalação de coberturas verdes extensivas.

Quadro 4.1 : Valor do custo inicial

Custo de construção de um telhado convencional (RM/m)^2		Custo adicional o (RM/m)^2	
Mínimo (a)	Máximo (b= a*1,23)	Mínimo (a*82,5%)	Máximo (b*82,5%)
125.47	153	103	127

4.3.1.2   Valor do imóvel

Não existe nenhuma literatura direta que indique o montante do aumento do valor da propriedade para a instalação de coberturas verdes na Malásia. Por conseguinte, este estudo considera os valores que foram utilizados no estudo de Bianchini e Hewage [8]. Por conseguinte, para uma cobertura verde extensiva, o intervalo máximo e mínimo de aumento do valor da propriedade pode variar entre 2% e 5% do aumento do custo inicial, como se mostra no Quadro 4.2.

Quadro 4.2 : Valor do imóvel

Valor (RM/m)^2	
Mínimo (1,02*custo inicial adicional mínimo)	Máximo (1,05*custo inicial adicional máximo)
105	133

4.3.1.3   Redução de impostos

Um dos outros benefícios pessoais é a redução fiscal, que pode ser concedida pelos governos para motivar os empreiteiros e os proprietários a instalarem um telhado verde em vez de um telhado convencional, e pode ser uma forma eficaz e sensata de os convencer de que podem retificar o custo do investimento inicial da instalação do telhado verde no final do projeto. A cidade de Nova Iorque promoveu a instalação de telhados verdes ao permitir um abatimento fiscal único. O proprietário do edifício pode beneficiar de uma redução fiscal de 48 dólares/m^2, se a cobertura verde cobrir pelo menos 50% da área total do telhado [8]. O abatimento fiscal máximo é de \$100.000. Tanto as coberturas verdes extensivas como as intensivas são elegíveis para esta redução. Atualmente, na Malásia, só há redução de impostos para os edifícios que obtiveram o GBI, e este certificado é apenas para os edifícios que utilizam recursos energéticos renováveis. O benefício da redução fiscal para os proprietários de edifícios que utilizam telhados verdes não está atualmente disponível na Malásia. Por conseguinte, esta análise não pode considerar este montante como um benefício para o proprietário, mas pode ser uma esperança quanto ao benefício da redução fiscal no futuro.

4.3.1.4 Águas pluviais evitadas no sistema de drenagem

Estima-se que a poupança resultante da redução do escoamento de água no sistema de drenagem pode ser considerada como 30% a 60% do custo inicial da cobertura verde [49]. Como resultado deste estudo, tal como se mostra na Tabela 4.3, o mínimo e o máximo deste benefício da cobertura verde extensiva foram considerados RM31/m^2 e RM76/m^2 , respetivamente.

Tabela 4.3: Águas pluviais evitadas no sistema de drenagem

Valor (RM/m)^2	
Mínimo (30 %*custo inicial adicional mínimo)	Máximo (60 %*custo inicial adicional máximo)
31	76

4.3.1.5 Redução do consumo de energia

Para além de todos os benefícios dos telhados verdes, estes também podem reduzir o consumo de energia, o que resulta numa redução dos custos energéticos para os proprietários dos edifícios. O telhado verde é um sistema dinâmico, que pode variar de um clima para outro ou a função dos telhados verdes alterar-se-á em diferentes profundidades do solo e também em condições meteorológicas, as caraterísticas do edifício, como o rácio telhado-parede, podem desempenhar um papel na funcionalidade dos tipos de telhado verde.

A investigação nesta área está numa fase inicial, mas muita da literatura refere que o impacto mais significativo da cobertura verde é a redução do fluxo de calor para o edifício em tempo quente, para reduzir a necessidade de ar condicionado e também o custo da energia, embora o impacto da poupança de energia em tempo frio seja importante. Na Malásia, devido ao seu clima específico, o benefício da redução de energia através da cobertura verde é apenas a redução do consumo de energia para arrefecimento. Como foi referido, existem muitas limitações na utilização de dados relativos a alguns países da Malásia, porque não existe literatura sobre os benefícios da cobertura verde, pelo que, neste estudo, em alguns casos, temos de utilizar informações de outros países semelhantes à Malásia. Neste caso, foi efectuado um estudo em Hong Kong sobre esta questão. Foi demonstrado que, para um edifício comercial, o consumo de energia é de 80,1 (kWh/m^2 yr) apenas para os refrigeradores, incluindo a bomba de água [50].

Em Singapura, foi efectuado um estudo de simulação energética para calcular a quantidade de energia poupada com a aplicação de coberturas verdes, e o resultado é uma poupança de 17% a 79% da carga de arrefecimento do espaço [45]. Não existem dados disponíveis para quantificar as diferenças entre os diferentes tipos de coberturas verdes e a diferença entre o máximo e o mínimo de poupança de energia num projeto semelhante é de 1,8 e 6,8 (kWh/m^2 yr). Relativamente a estes valores, os cálculos deste benefício da cobertura verde para este estudo são apresentados na Tabela 4.4.

Tabela 4.4: Redução do consumo de energia

Consumo de energia (KWh/m^2 yr) [a]	Preço (RM/KWh)		Poupança de energia		Valor (RM/m)^2	
	Mínimo (b)	Máximo (c)	Mínimo (d)	Máximo (e)	Mínimo (a*b*d)	Máximo (a*c*e)
80.1	0.218	0.43	17%	79%	5.4	27.2

4.3.1.6 Longevidade

Todas as pessoas podem experimentar o calor intenso num terraço num dia quente de verão. O efeito do sol no topo do edifício é muito mais forte do que no solo. A vegetação pode diminuir o forte efeito degradante da temperatura extrema do sol, especialmente para a membrana de impermeabilização. Lukett, em 2009, referiu-se à membrana numa cobertura plana convencional, que, se não for protegida por isolamento numa aplicação invertida ou por lastro, tem de ser frequentemente substituída, talvez após quinze ou vinte anos".

O tempo de vida previsto para as coberturas verdes varia entre 40 e 55 anos, enquanto o tempo de vida das coberturas convencionais é de cerca de 20 anos [8]. No entanto, neste estudo, o metal (aço revestido) é selecionado como cobertura normal para edifícios comerciais na Malásia. A longevidade destas coberturas é estimada em cerca de 30-50 anos. Embora a longevidade das coberturas verdes seja superior à deste tipo de cobertura, este benefício pode ser negligenciado no cálculo do VAL e do período de retorno do investimento.

4.3.1.7 Custo de operação e manutenção

Os telhados com vegetação extensiva são bem conhecidos com camadas finas de solo. Podem ser utilizadas apenas pequenas plantas e, no final, espera-se que a cobertura vegetal da cobertura seja total. Os projectistas esperam que as coberturas verdes extensivas não necessitem de manutenção, mas recomenda-se regularmente alguma fertilização para os produtos comerciais [51]. Os benefícios económicos das coberturas verdes dependem do seu desempenho [8] e, como já foi referido, as coberturas verdes extensivas não necessitam de muita manutenção e, como se pode ver no Quadro 4.5, estima-se que o valor mínimo é de 1 RM por ano e o valor máximo é de 4 RM por ano, mas este valor é 10 vezes superior ao das coberturas verdes intensivas [52].

Quadro 4.5: Custo de exploração e manutenção (O&M)

Valor (RM/m)^2	
Mínimo	Máximo
1	4

4.3.2 Custos e benefícios sociais

Os telhados verdes contribuem para minimizar alguns problemas ambientais e melhorar alguns requisitos ambientais positivos. No entanto, podem causar alguns problemas desagradáveis. Há alguns factores relacionados com os custos e benefícios sociais que devem ser considerados devido à necessidade de motivar as pessoas a utilizarem abordagens sustentáveis e, em especial, os telhados verdes.

4.3.2.1 Poluição atmosférica

Uma das questões desagradáveis relacionadas com as coberturas verdes é a produção de poluição atmosférica em comparação com as coberturas convencionais. Estima-se que 1 kg de produção de polímeros para coberturas verdes liberta 2 kg de carbono CO^2 e $3,8E^{-3}$ kg de nitratos (NOx) [17]; no entanto, podem ser libertadas mais substâncias tóxicas para diferentes meios. Por outro lado, a quantidade de polímeros utilizados em coberturas verdes extensivas varia entre 2,07 kg/m2 e 3,27 kg/m2. O volume de plástico oscila entre 0,87 kg/m2 e 2,07 kg/m2, com um valor mais provável de 1,17 kg/m2. Estima-se que o imposto sobre as emissões de NOx seja de \$3375/tonelada, enquanto o protocolo de Quioto estima o imposto sobre o carbono em \$20/tonelada [8]. Este estudo considerou o custo total da poluição atmosférica como a soma do custo do carbono e dos nitratos, sendo o processo de cálculo apresentado no Quadro 4.6.

Quadro 4.6: Poluição atmosférica

Polímeros utilizados na cobertura verde (Kg/m)^2	Mínimo (a)	2.07
	Máximo (b)	2.27
Carbono libertado (Kg carbono/Kg polímero) (c)	2.00	
NOx libertado (Kg carbono/Kg polímero) (d)	0.0038	
Imposto sobre o carbono (RM/Kg)	Mínimo (e)	0.24
	Máximo (f)	0.40
Imposto NOx (RM/Kg)	Mínimo (g)	42.00
	Máximo (h)	66.00
Valor total (RM/m^2) NO_x libertado	Mínimo (i= a*d*g)	0.33
	Máximo (j= b*d*h)	0.82
Valor total (RM/m^2) Co_2 libertado	Mínimo (k= a*c*e)	0.99
	Máximo (l= a*c*f)	2.616
Valor total (RM/m^2) poluição atmosférica libertada	Mínimo (i+k)	1.32
	Máximo (j+l)	3.43

4.3.2.2 Redução das emissões de carbono

Os telhados verdes podem cobrir diferentes tipos de plantas e a taxa de troca de oxigénio e dióxido de carbono varia consoante os tipos de plantas. No entanto, investigações anteriores mostraram que 1 ha de telhados verdes remove entre 72 kg e 85 kg de poluentes. A taxa de redução de carbono é estimada em 20 dólares/tonelada [8]; consequentemente, à semelhança da secção 1.3.2.1, o cálculo é efectuado e pode ser visto na Tabela 4.7, sendo que na análise probabilística este montante será considerado como um benefício, no entanto a parte anterior é considerada como um custo.

Quadro 4.7: Redução de carbono

Remoção de carbono (Kg/m)^2		Custo da redução de carbono (RMKg) [c]	Valor total (RM/m2)	
Mínimo (a)	Máximo (b)		Mínimo (a*c)	Máximo (b*c)
0.0072	0.0085	0.06	0.0004	0.0005

4.3.2.3 Melhorias na qualidade do ar

Os telhados verdes são conhecidos como uma aplicação amiga do ambiente que pode controlar a poluição atmosférica. A qualidade do ar depende das quantidades de NOx no ar, e o crédito da emissão de NOx é estimado em \$3375/tonelada e é quase igual a RM10/Kg. Consequentemente, considerando a gama de remoção da poluição atmosférica dos telhados verdes descrita em

Secção 1.3.2.2, o benefício da melhoria da qualidade do ar variaria entre os montantes apresentados no Quadro 4.8 para coberturas verdes extensas anualmente.

Quadro 4.8: Melhorias da qualidade do ar

Remoção de NOx (Kg/m $)^2$		Taxa de melhoria da qualidade do ar (RM/Kg) [c]	Valor total (RM/m $)^2$	
Mínimo (a)	Máximo (b)		Mínimo (a*c)	Máximo (b*c)
0.0072	0.0085	10	0.072	0.085

4.3.2.4 Redução das infra-estruturas

A retenção de águas pluviais também pode ser classificada como um benefício social. A cidade de Portland investiu \$30/m^2 por ano para gerir as águas pluviais originadas por áreas impermeáveis e, devido à elevada quantidade de precipitação na Malásia, o governo deve certamente pagar uma quantia elevada para fornecer infra-estruturas razoáveis; no entanto, não existe qualquer informação específica sobre este fator dispendioso, podemos considerar o montante mínimo de RM0,00 e o máximo de \$30 igual a RM90. A capacidade real dos telhados verdes para reter a água é simulada e pode variar entre 17% e 48% na Malásia [10]. Por conseguinte, a quantidade de dinheiro que pode ser poupada com a instalação de uma cobertura verde é apresentada na Tabela 4.9.

Quadro 4.9: Redução das infra-estruturas

Retenção de águas pluviais (%)		Valor (RM/m $)^2$		Valor total (RM/m $)^2$	
Mínimo (a)	Máximo (b)	Mínimo (c)	Máximo (d)	Mínimo (a*c)	Máximo (b*d)
17	48	0	90	0	43

4.3.2.5 Redução do risco de inundação

Conforme discutido na Secção 1.3.2.4, os telhados verdes têm a capacidade de absorver 17% a 48% da água da chuva. Além disso, o custo do controlo das inundações após a conversão dos resultados de Inglaterra e do País de Gales é de cerca de RM0,008/m2. Por conseguinte, os telhados verdes poderiam poupar aos governos entre RM0,01 /m^2 e RM0,03 /m^2 , como se mostra no Quadro 4.10.

Quadro 4.10: Redução do risco de inundação

Capacidade de retenção de águas pluviais (%)		Custo do controlo do risco de inundação (RM/m)$^{2(c)}$	Valor (RM/m)^2	
Mínimo (a)	Máximo (b)		Mínimo (a*c)	Máximo (b*c)
17	48	0.008	0.01	0.03

4.3.2.6 Atenuação do efeito de ilha de calor urbana

O aumento da temperatura resulta num maior consumo de energia dos sistemas AVAC. Um aumento de 1° C na temperatura leva a um aumento de 2% a 4% no consumo de energia.

Além disso, a procura de eletricidade na cidade varia entre 0,83 kWh/m 2e 1,24 kWh/m2 e verificou-se que as coberturas verdes podem poupar cerca de 15% do consumo de eletricidade [22]. Considerando o preço da eletricidade entre RM0,393 e RM0,43, como mostra a Tabela 4.11, é possível calcular a eficácia da utilização da cobertura verde na mitigação da ilha de calor urbana.

Quadro 4.11: Atenuação do efeito de ilha de calor urbana

Procura de eletricidade em caso de aumento de temperatura de 1°C (kWh/m 2)		Capacidade de poupança de energia dos telhados verdes (%) $^{(c)}$	Tarifa de eletricidade		Valor (RM/m)^2	
Mínimo (a)	Máximo (b)		Mínimo (d)	Máximo (e)	Mínimo (a*c*d)	Máximo (b*c*e)
0.83	1.24	0.15	0.218	0.43	0.02	0.07

4.3.2.7 Custos de deposição em aterro - eliminação

Os custos de exploração e manutenção dos aterros dependem de muitas caraterísticas, tais como: dimensão, tecnologia, localização e capacidade remanescente, estimando-se que o custo médio de manutenção da exploração de um aterro sem recuperação de energia seja de RM110 a

RM130 por tonelada. Tal como explicado na secção 1.3.2.1, a quantidade de polímeros utilizados em coberturas verdes extensas varia entre 2,07 kg/m^2 e 3,27 kg/m^2 , pelo que, para coberturas verdes extensas, o custo de deposição em aterro varia uniformemente, como se mostra no Quadro 4.12.

Quadro 4.12: Custo de deposição em aterro - eliminação

Polímeros utilizados (Kg/m)^2		Custo da recolha e eliminação (RM/Kg)		Valor (RM/m)^2	
Mínimo [a]	Máximo (b)	Mínimo [c]	Máximo (d)	Mínimo (a*c)	Máximo (b*d)
2.07	3.27	0.11	0.13	0.22	0.42

4.3.2.8 Taxa de inflação

Os economistas utilizam o termo "inflação" para designar um aumento contínuo do nível geral dos preços cotados em unidades monetárias. A taxa de inflação é normalmente comunicada como o crescimento percentual anualizado de um índice alargado de preços monetários. Com o aumento dos preços da RM Malásia, uma nota de um ringgit compra menos em cada ano. A inflação significa, portanto, uma queda contínua do poder de compra global da unidade monetária.

As taxas de inflação variam de ano para ano e de moeda para moeda. A taxa de inflação da Malásia durante a última década é a que consta do Quadro 4.13; consequentemente, neste estudo, considera-se que 1% e 5% são o valor mínimo e máximo da taxa de inflação, respetivamente [53].

Quadro 4.13: Taxa de inflação

ano	2003	2004	2005	2006	2007	2008	2009	2010	2011	2012
Taxa de inflação (%)	1.07	1.42	2.94	3.62	2.03	5.40	0.60	1.70	3.20	1.20

4.3.2.9 Taxa de desconto

Os autores do inquérito definem a taxa de desconto social como um reflexo da avaliação relativa de uma sociedade sobre o bem-estar atual versus o bem-estar no futuro. A seleção adequada de uma taxa de desconto social é crucial para a análise custo-benefício e tem implicações importantes para a atribuição de recursos. Existe uma grande diversidade nas taxas de desconto social, com os países desenvolvidos a aplicarem normalmente uma taxa mais baixa (3-7%) do que os países em desenvolvimento (8-15%). Como se pode ver na Tabela 4.14, a segunda (8-15%) é considerada como a taxa de desconto neste estudo.

Quadro 4.14: Taxa de desconto

Taxa de atualização (%)	
Mínimo	Máximo
8	15

4.3.3 Resumo da recolha de dados

Após a fase de recolha de dados, todos os dados têm de ser utilizados como entrada na análise probabilística. Todos os dados pessoais e sociais são apresentados na Tabela 4.15.

Quadro 4.15: Entrada de dados para a análise probabilística pessoal e social

Custos e benefícios pessoais	Valor (RM/m $)^2$		Função	Tipo	Tempo Moldura	Comentários
	Mínimo	Máximo				
custo inicial	118.94	150.97	Uniforme	Custo	Uma vez	
Redução de impostos	-	-	-	Benefício	-	Não é fornecido na Malásia.
valor da propriedade	147.05	192.15	Uniforme	Benefício	Uma vez	Só será capitalizado no momento da venda do imóvel.
arrefecimento	5.35	27.20	Uniforme	Benefício	Anual	
evitar infra-estruturas custo	35.68	90.58	Uniforme	Benefício	Uma vez	
custos de funcionamento e manutenção	1.00	4.00	Uniforme	Custo	Anual	
Longevidade	-	-	-	Benefício	-	Este benefício é quase o mesmo que o dos telhados convencionais na Malásia.
poluição atmosférica libertada	1.32	3.43	Uniforme	Custo	Uma vez	
redução do carbono	0.0086	0.01	Uniforme	Benefício	Anual	
melhoria da qualidade do ar	0.72	0.85	Uniforme	Benefício	Anual	
redução da melhoria das infra-estruturas	0	43.20	Uniforme	Benefício	Uma vez	
redução do risco	0.0136	0.03	Uniforme	Benefício	Uma vez	

de inundação						
atenuação do efeito de ilha de calor urbana	0.48	0.79	Uniforme	Benefício	Anual	
custo do aterro	0.22	0.42	Uniforme	Custo	Uma vez	

4.4 Valor atual líquido (VAL)

O VAL é calculado com base na taxa de inflação, na taxa de desconto e nos fluxos de caixa durante a vida útil da cobertura verde extensiva. Os resultados são apresentados abaixo em dois cenários. Para uma melhor ilustração, são fornecidos gráficos de frequência, de frequência acumulada e também gráficos de dispersão dos parâmetros efectivos.

4.4.1 Setor pessoal

As Figuras 4-1 e 4-2 apresentam a frequência e a frequência acumulada do VAL para o sector pessoal. De acordo com estas figuras, com 90% de confiança, o sector pessoal obterá um benefício de até RM244/m^2 . Adicionalmente, existe uma probabilidade de 11% de que o VAL resulte num custo e não num benefício e que a cobertura verde extensiva possa causar perdas até RM52 /m^2 . De acordo com as estatísticas obtidas durante a análise, o valor mais provável, mínimo e máximo do VAL será de RM108/m^2 , - RM87 /m^2 e RM330 /m^2 respetivamente.

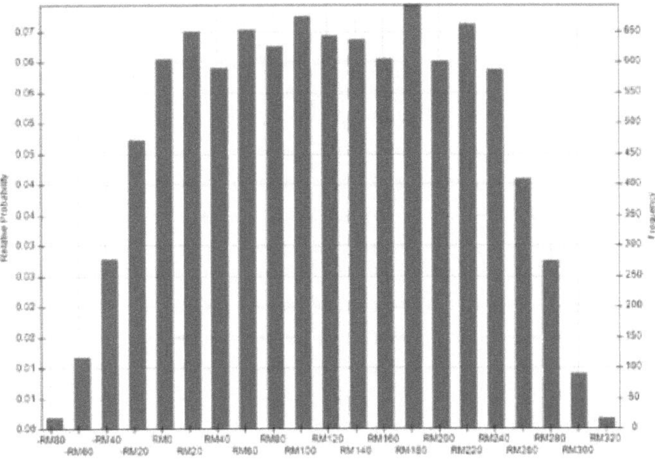

Figura 4-1: Frequência do VAL pessoal

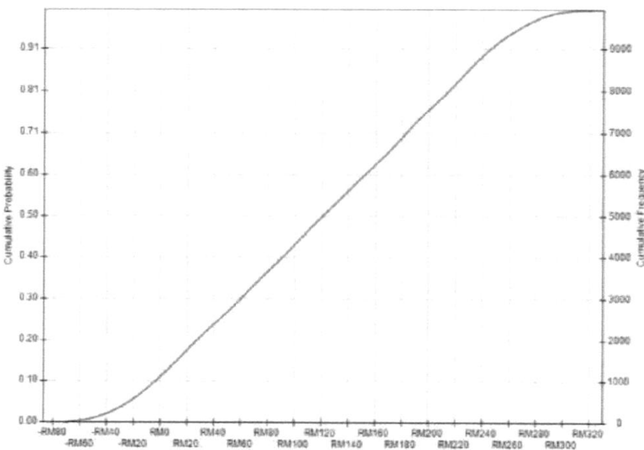

Figura 4-2: Frequência acumulada do VAL pessoal

4.4.2 Sectores pessoal e social

As Figuras 4-3 e 4-4 apresentam a frequência do VAL para os sectores pessoal e social. De acordo com estas figuras, com 90% de confiança, o sector pessoal obterá um benefício de até RM284/m^2 . Além disso, existe uma probabilidade de 3% de que o VAL resulte num custo e não num benefício e que a cobertura verde extensiva possa causar perdas até RM13/m^2 . De acordo com as estatísticas obtidas durante a análise, o valor mais provável para o VAL é RM188/m^2 , enquanto o mínimo e o máximo do VAL são RM-52/m^2 e RM377 /m^2 respetivamente. Um valor negativo significa que o VAL resulta num custo e um valor positivo mostra o benefício para o proprietário.

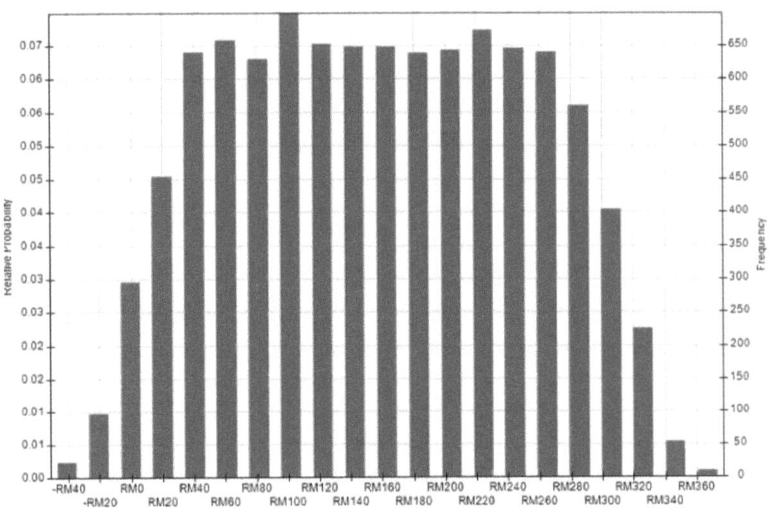

Figura 4-3: Frequência do VAL pessoal e social

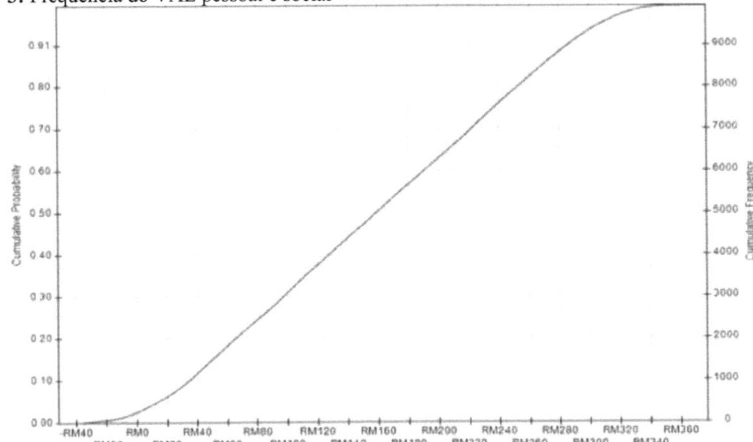

Figura 4-4: Frequência acumulada do VAL pessoal e social

4.5 Período de retorno do investimento

O período de retorno do investimento é o tempo necessário para devolver o investimento inicial. Em termos de instalação de uma cobertura verde, o investimento inicial é o custo de construção da cobertura verde, e o retorno consiste em todos os custos e benefícios envolvidos durante o ciclo de vida da cobertura verde. Os resultados do cálculo do período de retorno do investimento são apresentados em dois cenários: "sector pessoal" e "sectores pessoal e social".

4.5.1 Setor Pessoal

O cálculo do período de retorno do investimento, considerando apenas o sector pessoal, baseia-se nos fluxos de caixa, independentemente da inflação e da taxa de desconto, de acordo com a definição do período de retorno do investimento. As Fig. 4-5 até à Fig. 4-8 indicam que o período de retorno mais provável será entre o quarto e o quinto ano. O montante mais provável no quarto ano é RM-13/m^2 e este montante para o quinto ano é RM0,51/m^2 . Assim, o período de retorno do investimento mais provável é superior a quatro anos e 11 meses e ronda os cinco anos. Além disso, de acordo com a Figura 4-9 e a Figura 4-10, o período de retorno do investimento poderia ser de até 14 anos com 90% de confiança.

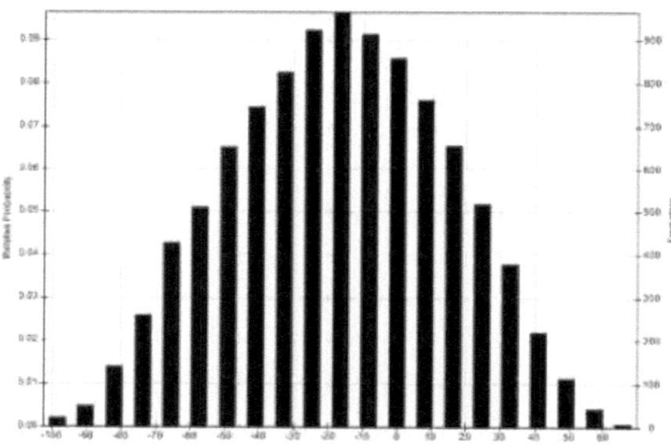

Figura 4-5: Frequência do fluxo de caixa em 4th ano

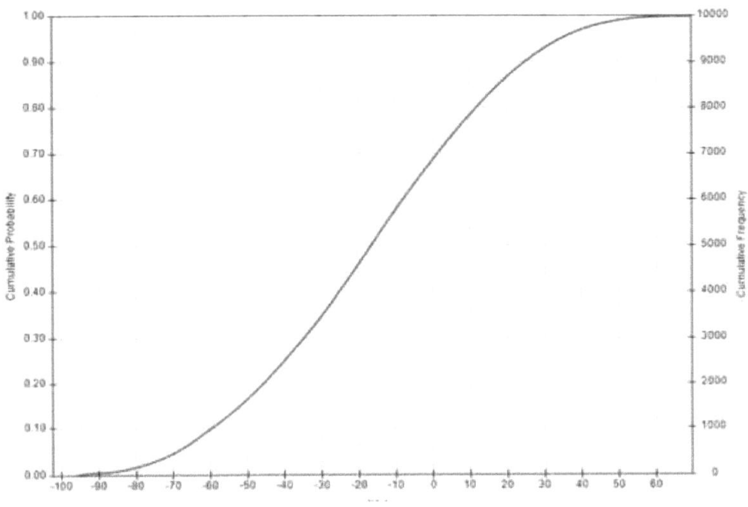

Figura 4-6: Frequência acumulada do fluxo de caixa em 4th ano

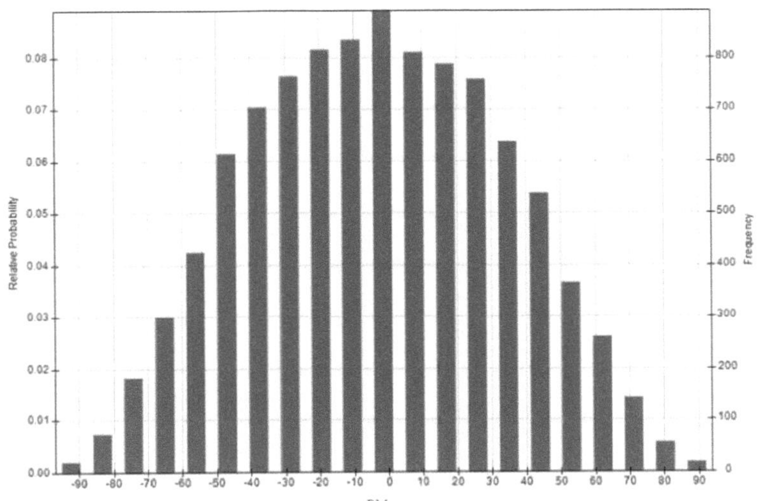

Figura 4-7: Frequência do fluxo de caixa em 5th ano

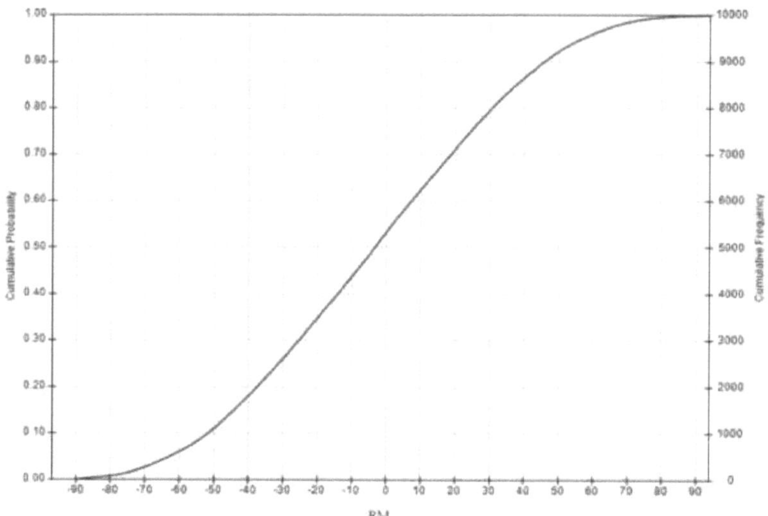

Figura 4.8: Frequência acumulada do fluxo de caixa em 5th ano

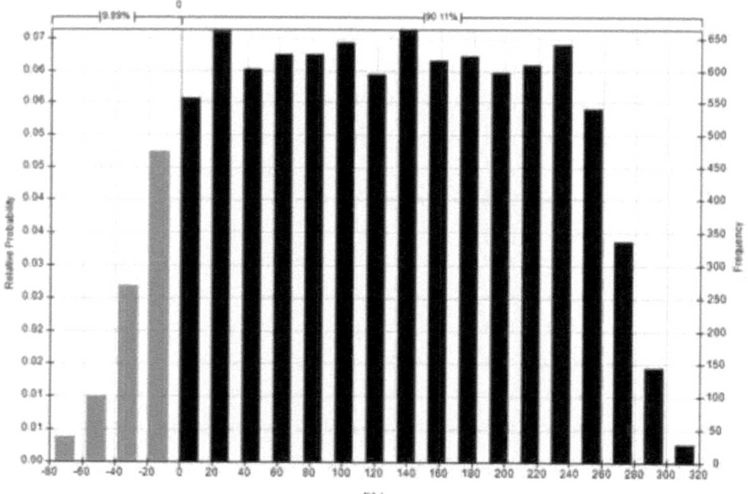

Figura 4.9: Período de retorno do investimento no ano 14

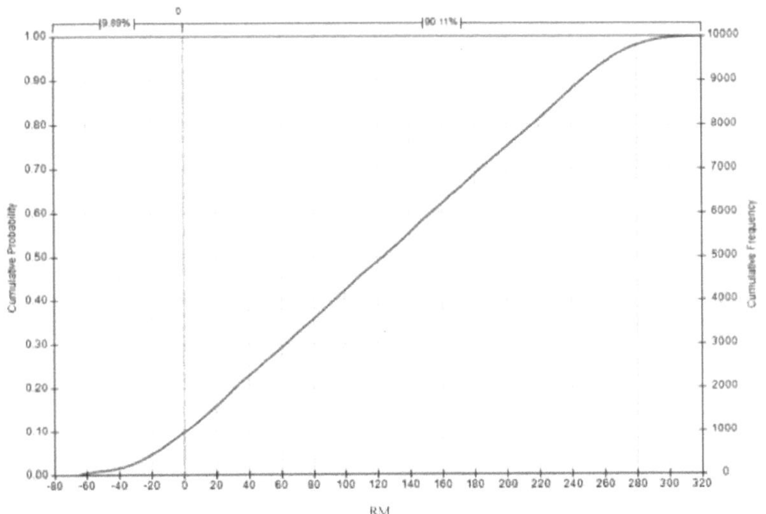

Figura 4-10: Período de recuperação cumulativo no ano 14

4.5.2 Setor Pessoal e Social

As figuras 4-11 a 4-14 indicam que o período de retorno mais provável será entre o 3º e o 4º ano. O montante mais provável no 3^{ord} ano é - RM9/m² e este montante para o 4º ano é RM4,21 /m² . Assim, o período de retorno do investimento mais provável é de cerca de três anos e nove meses. Além disso, de acordo com a Figura 415 e a Figura 4-16, o período de retorno do investimento poderia ser de até nove anos com 90% de confiança.

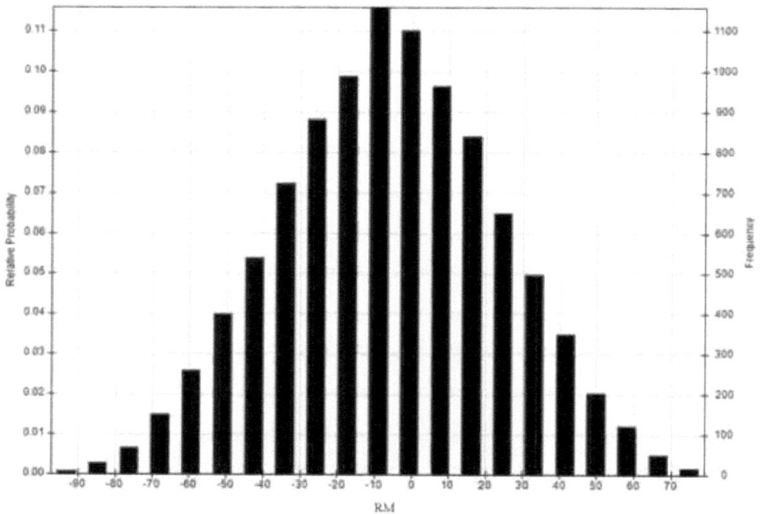

Figura 4-11: Frequência do fluxo de caixa no ano 3

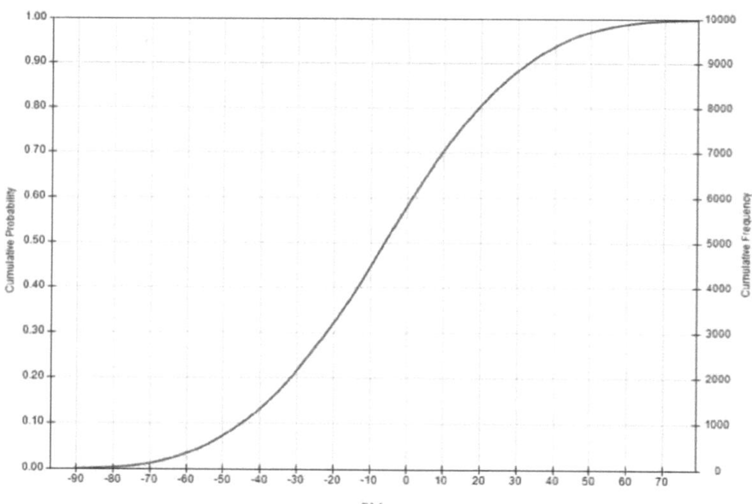

Figura 4-12: Frequência acumulada do fluxo de caixa no ano 3

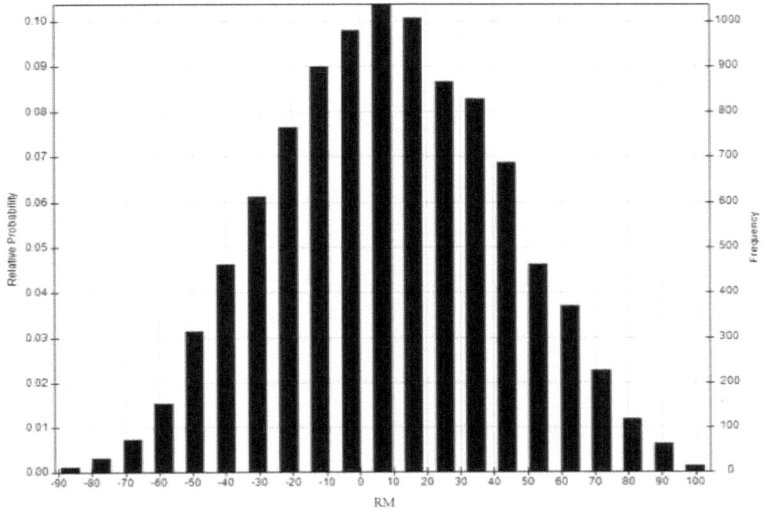

Figura 4-13: Frequência do fluxo de caixa no ano 4

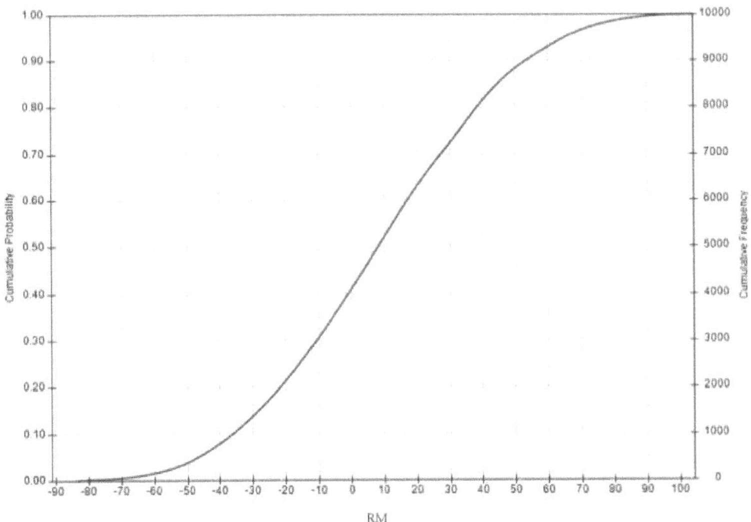

Figura 4.14: Frequência acumulada do fluxo de caixa no ano 4

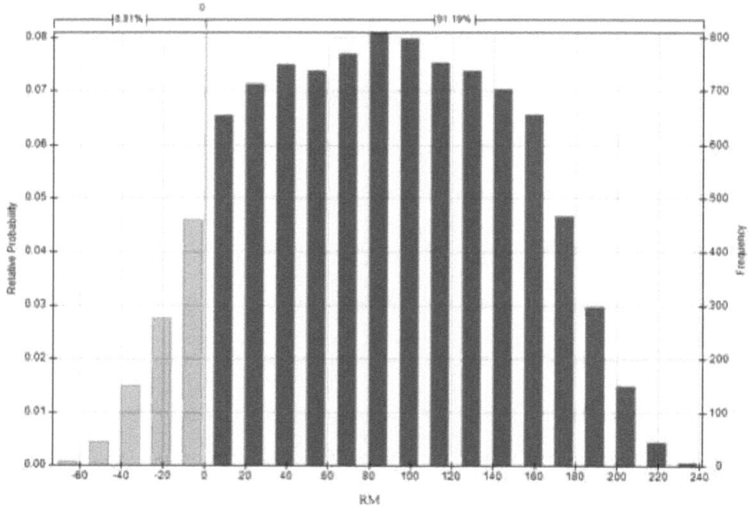

Figura 4-15: Frequência do fluxo de caixa no ano 9

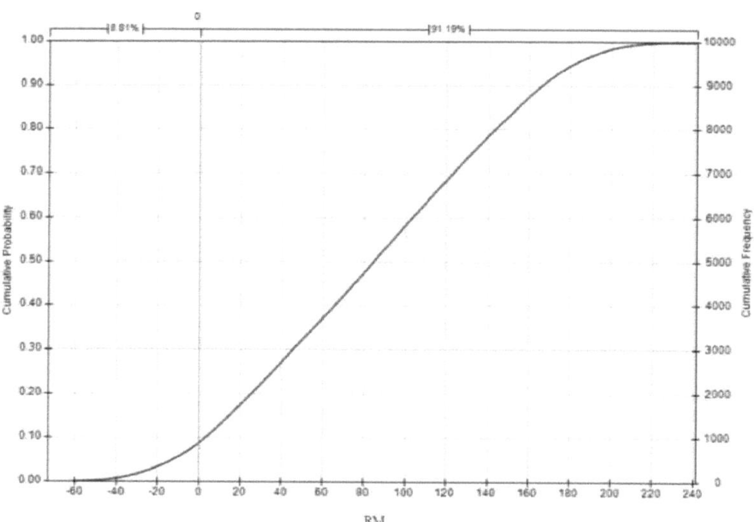

Figura 4-16: Frequência acumulada do fluxo de caixa no ano 9

4.6 Comparação entre dois cenários em termos de VAL e Payback

Com base nas discussões das secções anteriores deste capítulo, existem diferenças entre os resultados do VAL e do payback em relação e independentemente dos custos e benefícios sociais da instalação de uma cobertura verde extensiva. Na Figura 4-17 e na Figura 4-18, é apresentada uma comparação clara entre estes dois cenários.

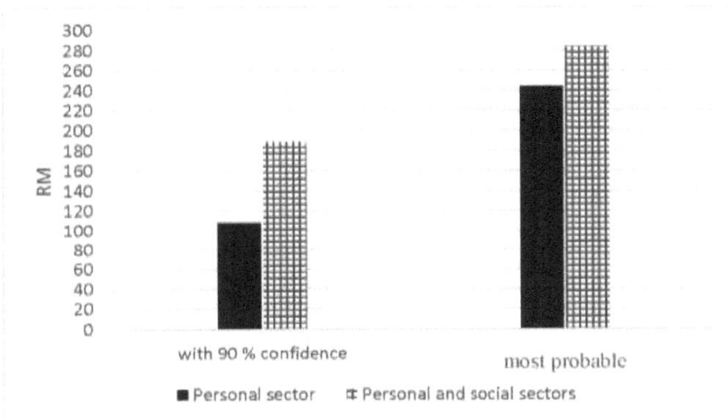

Figura 4-17: VAL durante o tempo de vida de uma cobertura verde extensiva

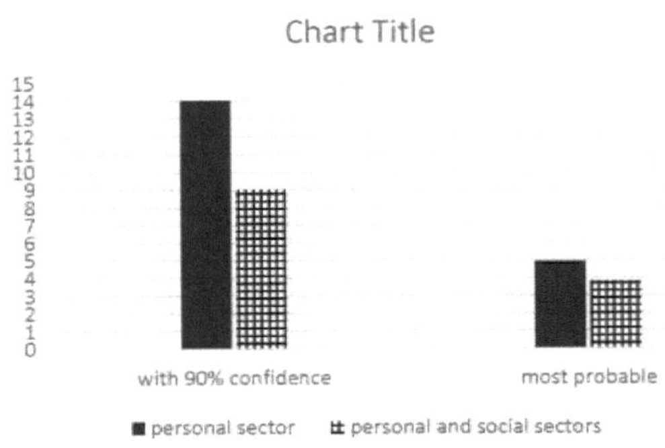

Figura 4-18: Período de retorno do investimento numa cobertura verde extensiva

4.7 Análise de sensibilidade

O cálculo do VAL e do payback depende de todos os factores apresentados nos quadros 4.15. Foi realizada uma análise de sensibilidade para determinar a importância de todos os factores que afectam os resultados da análise custo-benefício. Como se pode ver na Figura 4-19, o primeiro fator de benefício importante é o arrefecimento, o segundo é evitar o custo da infraestrutura, o terceiro é a redução da melhoria da infraestrutura e o fator mais significativo que resulta em custo é o investimento inicial e depois os custos de operação e manutenção; como resultado, embora os outros factores sejam eficazes no resultado, não o podem alterar significativamente.

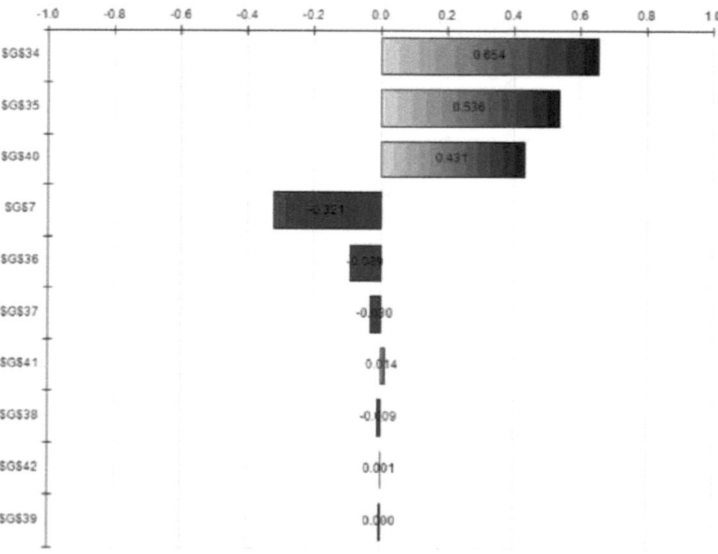

Figura 4-19: Sensibilidade dos factores no cálculo do VAL e do Payback

4.8 Discussão

A análise dos dados indica que a instalação de um telhado verde tem algumas vantagens e desvantagens económicas. Como se pode ver nas Figuras 4-3 e 4-4, com 97% de probabilidade, o VAL de uma cobertura verde extensiva representa um benefício para os custos e benefícios pessoais e sociais. No entanto, o custo do VAL era muito baixo em comparação com os possíveis benefícios. Como se pode verificar nas Figuras 4-1, 4-2, 4-3 e 4-4, existe uma probabilidade de o VAL ser inferior a $0/m^2$ e a percentagem provável para o "sector pessoal" e o "sector pessoal e social" é de cerca de 11% e 3%, respetivamente. Consequentemente, existe uma probabilidade de 89% de que o VAL resulte em benefícios para o investidor. Como mostram as frequências nas Fig. 4-1 e Fig. 4-3, os valores mais prováveis do VAL pessoal. Assim, os benefícios mais prováveis para coberturas verdes extensivas são RM244 /m^2 . Da mesma forma, o período de retorno mais provável, independentemente dos custos e benefícios sociais, é de aproximadamente cinco anos.

Os resultados mostraram que, quando os benefícios sociais foram acrescentados à análise, os resultados do VAL e do retorno do investimento melhoraram. No entanto, os benefícios sociais excedem os custos sociais, uma vez que o investimento financeiro significativo é pago pelo sector privado. Além disso, os resultados ilustraram que a instalação de coberturas verdes é um investimento a longo prazo; no entanto, pode ter um retorno a curto prazo. Além disso, o retorno mais provável do investimento, tanto para o VAL social como para o VAL pessoal, é de cerca de nove anos.

Como se pode ver na Figura 4-19, independentemente dos factores económicos, o custo inicial de construção, o arrefecimento e a poluição atmosférica libertada são os principais factores que afectam o VAL. Atualmente, os baixos preços da energia e os modestos créditos de emissão proporcionam fracos incentivos. No entanto, com o passar do tempo, o preço da energia está a aumentar devido à escassez de recursos. Do mesmo modo, enquanto as actividades humanas poluírem o ambiente, a redução das emissões de carbono e a qualidade do ar tornar-se-ão questões muito importantes.

Esta análise mostrou os múltiplos custos e benefícios relacionados com as coberturas verdes extensivas na Malásia. Todos estes montantes estão sujeitos a alterações em diferentes climas devido a diferentes temperaturas, indicadores económicos, etc. Além disso, as reduções fiscais variam consoante a legislação local. Este benefício específico não é considerado devido à sua inexistência na Malásia neste momento.

CONCLUSÃO E RECOMENDAÇÕES

5.1 Introdução

Este capítulo descreve os principais resultados dos capítulos anteriores e também tira as conclusões do que foi alcançado neste estudo. No final do capítulo, são destacadas algumas recomendações para futuros investigadores e estudos futuros.

5.2 Avaliação dos objectivos do estudo

Nesta parte, as conclusões dos três objectivos deste estudo serão discutidas uma a uma, a fim de melhor compreender os resultados do que foi feito durante este estudo para cada objetivo.

5.2.1 Objetivo 1: Identificar os factores pessoais e sociais que afectam a viabilidade económica de uma cobertura verde extensiva na Malásia.

No objetivo 1, de acordo com uma extensa revisão da literatura em vários domínios, foram selecionados factores que afectam a análise probabilística dos custos e benefícios e, em seguida, foram recolhidos todos os dados relativos entre artigos, livros e sítios Web; no entanto, durante o estudo, foram feitas suposições razoáveis para os dados indisponíveis. Finalmente, verificou-se que existem duas categorias (sectores pessoal e social) de custos e benefícios que afectam diretamente os resultados.

5.2.2 Objetivo 2: Calcular o VAL do investimento de uma cobertura verde extensiva tendo em conta os custos e benefícios pessoais e sociais.

Este objetivo foi realizado utilizando os resultados do primeiro objetivo, considerando a taxa de inflação e a taxa de desconto relativas à Malásia. O Valor Atual Líquido (VAL) deve ser calculado para cada ano seguinte na vida útil da cobertura verde extensiva. Em seguida, no que diz respeito à forma de distribuição de cada fator, a análise foi feita e os resultados mostraram que o sector social desempenha um papel significativo quando considerado como um sector eficaz no cálculo.

5.2.3 Objetivo 3: Indicar o período de retorno do investimento na instalação de uma cobertura verde extensiva na Malásia.

No cálculo do período de retorno do investimento, todos os factores selecionados no objetivo 1 são novamente considerados, independentemente da taxa de inflação e da taxa de desconto. Os resultados mostraram que a instalação de uma cobertura verde extensiva não é um investimento a longo prazo. Em geral, a instalação de coberturas verdes é um investimento de baixo risco. Além disso, a probabilidade de obter lucros com esta tecnologia é muito mais elevada do que as potenciais perdas financeiras.

5.3 Limitações do estudo

A falta de investigação e também de dados fiáveis são as principais restrições deste estudo, e a solução é uma suposição fiável quando necessário e a utilização de dados de outros países com as maiores semelhanças com a Malásia nas especificações desse fator. Por exemplo: não é possível utilizar dados sobre poupança de energia da Alemanha, que tem um clima diferente, e se for necessário recorrer aos dados de Singapura neste caso. Por outro lado, não existem valores determinísticos e todos os dados têm mínimos e máximos, pelo que é impossível obter um resultado exato, podendo os resultados ser uma percentagem de confiança.

5.4 Recomendações

As recomendações deste capítulo podem ser classificadas em duas partes, com base nas conclusões e nos estudos adicionais necessários.

5.4.1 Recomendações baseadas nas conclusões

O preço da fatura da eletricidade está a aumentar na Malásia e uma das vantagens mais significativas das coberturas verdes é a redução do ar condicionado, pelo que esta abordagem pode ser extremamente eficaz para reduzir o consumo de energia. Com base nos resultados apresentados no capítulo 4, a instalação de coberturas verdes extensas não é um investimento a longo prazo na Malásia e o governo deve promover os promotores e os clientes a utilizarem esta tecnologia como uma prática de construção sustentável.

5.4.2 Recomendações para novos estudos de investigação

O presente estudo mostra apenas dois indicadores (VAL e período de retorno do investimento) para as coberturas verdes extensivas na Malásia. Outras investigações podem levar a uma investigação sobre coberturas verdes intensivas na Malásia. Além disso, em termos de coberturas verdes intensivas, há mais factores de custo-benefício que devem ser considerados no cálculo do custo do ciclo de vida, tais como: a disponibilização de espaço recreativo como um benefício e a necessidade de apoio estrutural adicional como um custo.

No entanto, a atribuição de um valor exato em ringgit a cada um deles continua a ser um desafio, assim como os valores em dólares. O aumento da biodiversidade, o efeito de redução do ruído e a purificação da água da chuva são alguns exemplos de benefícios que requerem mais investigação. Embora não haja dúvidas quanto ao potencial destes benefícios ambientais, eles não foram representados na análise custo-benefício devido à indisponibilidade de dados.

Referências

[1]   A. Mahdiyar, A. Abdullah, Investigando os Impactos Ambientais da Instalação de Telhados Verdes, J. Teknol. 76 (2015) 265-273.

[2]   M. D'Orazio, C. Di Perna, E. Di Giuseppe, Green roof yearly performance: Um estudo de caso num edifício altamente isolado em clima temperado, Energy Build. 55 (2012) 439-451. doi:10.1016/j.enbuild.2012.09.009.

[3]   WorldWideScience, http://worldwidescience.org/ (acedido em 17 de janeiro de 2016).

[4]   I. Jaffal, S.-E. Ouldboukhitine, R. Belarbi, A comprehensive study of the impact of green roofs on building energy performance, Renew. Energy. 43 (2012) 157164. doi:10.1016/j.renene.2011.12.004.

[5]   F. Ascione, N. Bianco, F. de' Rossi, G. Turni, G.P. Vanoli, Green roofs in European climates. São soluções eficazes para a poupança de energia no ar condicionado?, Appl. Energy. 104 (2013) 845-859.

doi:10.1016/j.apenergy.2012.11.068.

[6]   A. Nagase, N. Dunnett, Drought tolerance in different vegetation types for extensive green roofs: Effects of watering and diversity, Landsc. Urban Plan. 97 (2010) 318-327. doi:10.1016/j.landurbplan.2010.07.005.

[7]   S. Schrader, M. Böning, Soil formation on green roofs and its contribution to urban biodiversity with emphasis on Collembolans, Pedobiologia (Jena). 50 (2006) 347-356. doi:10.1016/j.pedobi.2006.06.003.

[8]   F. Bianchini, K. Hewage, Probabilistic social cost-benefit analysis for green roofs: A lifecycle approach, Build. Environ. 58   (2012)   152-162. doi:10.1016/j.buildenv.2012.07.005.

[9]   B. Dvorak, Green roofs in sustainable landscape design por Steven L. Cantor, Landsc. Urban Plan. 92 (2009) 347-348.

http://www.sciencedirect.com/science/article/pii/S0169204609000917 (acedido em 22 de janeiro de 2014).

[10]   S. Musa, N.A. Mohd Arish, M.R. Jalil, H. Kasmin, Z. Ali, M.S. Mansor, Potential of Storm Water Capacity Using Vegetated Roofs in Malaysia, (n.d.).

[11]   L. McIntyre, E. Snodgrass, The green roof manual: a professional guide to design, installation, and maintenance, Timber Press, 2010.

[12]   N.S.G. Williams, J.P. Rayner, K.J. Raynor, Green roofs for a wide brown land: Opportunities and barriers for rooftop greening in Australia, Urban For. Urban Green. 9

(2010) 245-251. doi:10.1016/j.ufug.2010.01.005.

[13]   L.X. Sheng, T.S. Mari, A.R.M. Ariffin, H. Hussein, Integrated Sustainable Roof Design, Procedia Eng. 21 (2011) 846-852. doi:10.1016/j.proeng.2011.11.2086.

[14]   L. Shen, J.L. Hao, V. Tam, H. Yao, A checklist for assessing sustainability performance of construction projects, J. Civ. Eng. Manag. 13 (2007) 273-281. doi:10.1080/13923730.2007.9636447.

[15]   K. Perini, P. Rosasco, Cost-benefit analysis for green façades and living wall systems, Build. Environ. 70 (2013) 110-121.

doi:10.1016/j.buildenv.2013.08.012.

[16]   T. Carter, A. Keeler, Life-cycle cost-benefit analysis of extensive vegetated roof systems, J. Environ. Manage. 87 (2008) 350-63.

doi:10.1016/j.jenvman.2007.01.024.

[17]   F. Bianchini, K. Hewage, How "green" are the green roofs? Lifecycle analysis of green roof materials, Build. Environ. 48   (2012)   57-65. doi:10.1016/j.buildenv.2011.08.019.

[18]   B. Long, S. Clark, Seleção de um meio de cobertura verde para benefícios de qualidade da água, in: Proc., 2007.

[19]   J.S. MacIvor, J. Lundholm, Avaliação do desempenho de plantas nativas adequadas a condições extensivas de telhados verdes num clima marítimo, Ecol. Eng. 37 (2011) 407417. doi:10.1016/j.ecoleng.2010.10.004.

[20]   D. Townshend, Study on Green Roof Application in Hong Kong, Hong Kong, 2007.

[21]   G. Peri, M. Traverso, M. Finkbeiner, G. Rizzo, The cost of green roofs disposal in a life cycle perspective: Covering the gap, Energy. 48 (2012) 406-414. doi:10.1016/j.energy.2012.02.045.

[22]   N.H. Wong, S.F. Tay, R. Wong, C.L. Ong, A. Sia, Life cycle cost analysis of rooftop gardens in Singapore, Build. Environ. 38   (2003)   499-509. doi:10.1016/S0360-1323(02)00131-2.

[23]   M.A. Fauzi, N.A. Malek, J. Othman, Avaliação do sistema de cobertura verde para projectos de edifícios verdes na Malásia, (2013) 124-130.

[24]   S.R.A. Rahman, H. Ahmad, M.S.F. Rosley, Green Roof: Its Awareness Among Professionals and Potential in Malaysian Market, Procedia - Soc. Behav. Sci. 85 (2013) 443-453. doi:10.1016/j.sbspro.2013.08.373.

[25]   T. Susca, S.R. Gaffin, G.R. Dell'osso, Positive effects of vegetation: urban heat island and green roofs, Environ. Pollut. 159   (2011)   2119-26. doi:10.1016/j.envpol.2011.03.007.

[26]   G. Peri, M. Traverso, M. Finkbeiner, G. Rizzo, Incorporar o "substrato" na avaliação ambiental do ciclo de vida das coberturas verdes: evidências de uma aplicação a toda a cadeia num   local   mediterrânico,   J.   Clean.   Prod.   35   (2012)   274-287. doi:10.1016/j.jclepro.2012.05.038.

[27]   C. Nelms, A. Russell, B. Lence, Assessing the performance of sustainable technologies: a framework and its application, Build. Res. Inf. 35 (2007) 237251. doi:10.1080/09613210601058139.

[28]   M.E. Kuhn, S.S.W. Peck, M.E. Kuhn, Design guidelines for green roofs, City. (2003) 22. https://scholar.google.com/scholar?hl=en&q=design+guildlins+for+green+roof &btnG=&as_sdt=1,5&as_sdtp=#1 (acedido em 19 de fevereiro de 2015).

[29]   K. Claus, S. Rousseau, Public versus private incentives to invest in green roofs: A cost benefit   analysis   for   Flanders,   Urban   For.   Urban   Green.   11   (2012)   417425. doi:10.1016/j.ufug.2012.07.003.

[30]   R.M. Lazzarin, F. Castellotti, F. Busato, Medições experimentais e modelação numérica   de   um   telhado   verde,   Energy   Build.   37   (2005)   1260-1267. doi:10.1016/j.enbuild.2005.02.001.

[31]   C.Y. Jim, L.L.H. Peng, Weather effect on thermal and energy performance of an extensive   tropical   green   roof,   Urban   For.   Urban   Green.   11   (2012)   73-85. doi:10.1016/j.ufug.2011.10.001.

[32]   O. Saadatian, K. Sopian, E. Salleh, C.H. Lim, S. Riffat, E. Saadatian, et al., A review of energy aspects of green roofs, Renew. Sustain. Energy Rev. 23 (2013) 155-168. doi:10.1016/j.rser.2013.02.022.

[33]   R. Fioretti, A. Palla, L. Lanza, P. Principi, Green roof energy and water related performance   in   the   Mediterranean   climate,   Build.   Environ.   45   (2010)   18901904. doi:10.1016/j.buildenv.2010.03.001.

[34]   C.L. Tan, N.H. Wong, S.K. Jusuf, Effects of vertical greenery on mean radiant temperature in the tropical urban environment, Landsc. Urban Plan. 127 (2014) 52-64. doi:10.1016/j.landurbplan.2014.04.005.

[35]   C. Clark, P. Adriaens, F.B. Talbot, Green roof valuation: a probabilistic economic analysis of environmental benefits, Environ. Sci. Technol. 42 (2008) 2155-61. doi:10.1021/es0706652.

[36]   M. Zinzi, S. Agnoli, Cool and green roofs. Uma comparação energética e de conforto entre técnicas de arrefecimento passivo e de mitigação de ilhas de calor urbano para edifícios residenciais na região mediterrânica, Energy Build. 55 (2012) 6676. doi:10.1016/j.enbuild.2011.09.024.

[37]   K. Luckett, Green roof construction and maintenance, (2009). http://agris.fao.org/agris-search/search.do?recordID=US201300146452 (acedido em 14 de novembro de 2015).

[38]   Vincenzo Costanzo, Gianpiero Evola, Luigi Marletta, Energy savings in buildings or UHI mitigation? Comparação entre telhados verdes e telhados frios, Third Int. Conf. Countermeas. to Urban Heat Isl. (2014) 226-237. doi:10.1016/j.enbuild.2015.04.053.

[39]   A. Scherba, D.J. Sailor, T.N. Rosenstiel, C.C. Wamser, Modeling impacts of roof reflectivity, integrated photovoltaic panels and green roof systems on sensible heat flux into the urban environment, Build. Environ. 46 (2011) 25422551. doi:10.1016/j.buildenv.2011.06.012.

[40]   D. Banting, H. Doshi, J. Li, P. Missios, A. Au, Report on the environmental benefits and costs of green roof technology for the city of Toronto, 2005. http://nestabode.com/wp-content/uploads/2014/03/fullreport103105.pdf (acedido em 18 de janeiro de 2015).

[41]   J. Yang, Q. Yu, P. Gong, Quantifying air pollution removal by green roofs in Chicago, Atmos. Environ. 42 (2008) 7266-7273. doi:10.1016/j.atmosenv.2008.07.003.

[42]   J. Li, O. Wai, Y. Li, J. Zhan, Y. Ho, Effect of green roof on ambient CO_2 concentration, Build. Environ. 45 (2010) 2644-2651. doi:10.1016/j.buildenv.2010.05.025.

[43]   S.S.W. Peck, M.M.E. Kuhn, C. Callaghan, M.M.E. Kuhn, B. Bass, Greenbacks from green roofs: forging a new industry in Canada, 1999. http://www.researchgate.net/profile/Brad_Bass/publication/230887928_Greenb acks_from_green_roofs_Forging_a_new_industry_in_Canada/links/0c96052b4 deed181df000000.pdf (acedido em 4 de outubro de 2015).

[44]   S. Brenneisen, Space for urban wildlife: designing green roofs as habitats in

Switzerland, Urban Habitats. (2006).

http://www.urbanhabitats.org/v04n01/wildlife_full.html (acedido em 3 de outubro de 2015).

[45]   N.. Wong, D.K.. Cheong, H. Yan, J. Soh, C.. Ong, A. Sia, The effects of rooftop garden on energy consumption of a commercial building in Singapore, Energy Build. 35 (2003) 353-364. doi:10.1016/S0378-7788(02)00108-1.

[46]   V. Nurmi, A. Votsis, A. Perrels, S. Lehvavirta, Análise custo-benefício de coberturas verdes em áreas urbanas: estudo de caso em Helsínquia, 2013.

https://helda.helsinki.fi/handle/10138/40150 (acedido em 13 de novembro de 2015).

[47]   Palisade, Simulação de Monte Carlo: What Is It and How Does It Work?, (2015). http://www.palisade.com/risk/monte_carlo_simulation.asp (acedido em 28 de novembro de 2015).

[48]   Governo   da   Malásia,   Departamento   de   Obras   Públicas,   (2015). https://www.jkr.gov.my/ (acedido a 7 de novembro de 2015).

[49]   N. Post, Green-Roof Study Results Offer Positive Surprises, ENR. Com. abril. (2007).

[50]   P.C.H. Yu, W.K. Chow, Uma discussão sobre os potenciais de poupança de energia em edifícios comerciais em Hong Kong, Energy. 32   (2007)   83-94. doi:10.1016/j.energy.2006.03.019.

[51]   J. Czemiel Berndtsson, Green roof performance towards management of runoff water quantity and quality: A review, Ecol. Eng. 36   (2010)   351-360. doi:10.1016/j.ecoleng.2009.12.014.

[52]   Y. Chow, What is green roof? (Part 3 of 3) - My Green Circle, (2010). http://slc4u.
    org/wp/2011/12/what-is-green-roof-part-3-of-3/(acedido em
13 de novembro de 2015).

[53]   Inflação na Malásia - dados, gráfico, (2015).

http://www.theglobaleconomy.com/Malaysia/Inflation/ (acedido em 24 de novembro de 2015).

yes
I **want** morebooks!

Buy your books fast and straightforward online - at one of world's fastest growing online book stores! Environmentally sound due to Print-on-Demand technologies.

Buy your books online at
www.morebooks.shop

Compre os seus livros mais rápido e diretamente na internet, em uma das livrarias on-line com o maior crescimento no mundo! Produção que protege o meio ambiente através das tecnologias de impressão sob demanda.

Compre os seus livros on-line em
www.morebooks.shop

Printed by Books on Demand GmbH, Norderstedt / Germany